顯示色彩工程學
Color Engineering for Display Devices

編審　陳鴻興

編著　胡國瑞　孫沛立　徐道義　陳鴻興
　　　黃日鋒　詹文鑫　羅梅君

全華圖書股份有限公司

Preface

序

　　近年來，臺灣之顯示器產業已在世界上占有執牛耳的地位。但自2008年下半年起，全世界正值經濟風暴之衝擊，國內顯示器產業無可避免地亦面臨重大挑戰。國內顯示器廠商絕大多數以提升顯示器面板產能爲其主力，對於如何提升顯示器影像色彩品質之作法至今仍在錯誤中摸索，缺乏有系統的調校與學習方法；目前僅有少數國內大廠注意到影像色彩品質的重要性，但仍無法與Sony、Panasonic、Sharp、Samsung等國際著名廠商品牌進行競爭，其中一項原因即是國內長期以來，大學色彩科學課程及本土化教材之不足，導致顯示器產業中跨領域整合型人才之匱乏，妨礙了我國顯示器產業發展途中「畫質創新」之前進動力。在此風聲鶴唳之危機亦正是重新調整步伐之時機，應藉此時進行生產製程之改進及新思惟之導入。此書撰寫之目的即是希望提升臺灣產學界對於色彩科學教育之重視，以提高顯示科技產品的高附加價值。

　　本書最初編寫的動機是在教育部影像顯示科技人才培育計畫中，設立在臺灣大學機械所之影像顯示科技人才培育中心（原北東區）支持下，在世新大學規劃開設95年度「顯示科技學程」所需之課程教材，本教材初稿於2007年獲選爲教育部影像顯示科技優良教材之一。

　　本書內容是邀請在目前國內從事色彩工程相關研究之一流學者及專家編撰而成；作者群有工研院影像顯示中心黃日鋒副組長（第1章）、經濟部技術處詹文鑫博士（第2、4、6、12章）、世新大學資訊

管理學系羅梅君教授（第11章）、世新大學數位多媒體設計學系徐道義教授（第8章）、臺灣科技大學工程技術研究所孫沛立助理教授（第9、10章）以及工研院影像顯示中心胡國瑞副理（第8章）以及小弟我個人（第3、5、7章）等7人分章執筆。執筆作者在平面顯示器、數位影像、色彩工程領域上均有10年以上的教學與研發經驗，相信本書內容對於國內顯示器、色彩工程等領域的技術提升與人才培訓將有所助益。

　　本書從最初撰寫到今日出版誕生約耗時3年，是在許多的因緣機會與鼓勵支持下完成，特別感謝影像顯示科技人才培育計畫計畫主持人李三良教授（臺灣科技大學電子系）、計畫共同主持人胡能忠教授（臺灣科技大學電子系）對於本書撰寫及出版之鼓勵，以及國際知名色彩科學家羅明教授（英國大學里茲大學色彩科學學系、臺灣科技大學工程技術研究所）長久以來對於國內色彩科學領域研究人才培育之貢獻。

　　在追求功利速成與利潤宣傳的現代主流社會中，願本書的催生能為臺灣未來的顯示器產業與色彩科學教育貢獻一份微薄之心力。

臺灣科技大學光電所　陳鴻興

2009月2月春節

譯者序

　　影像顯示科技產業是繼半導體產業之後，帶領臺灣產業攀上另一個高峰的高科技產業。為了提供我國平面顯示產業足夠的高素質人力，強化顯示產業體質的競爭力，教育部乃積極推動「影像顯示科技人才培育」計畫，成立「影像顯示科技人才培育」計畫推動辦公室，鼓勵國內各大學院校及技職體系共同提升顯示科技相關技術，以解決臺灣影像顯示產業發展所面臨的人才荒。

　　「影像顯示科技人才培育」計畫在執行之初，即希望各大專院校開設影像顯示相關學程課程並編寫與影像顯示課程相關之優良教材，以利長期影像顯示教育之扎根與推廣。本書初稿是在教育部影像顯示科技人才培育計畫中，為了在世新大學開設「顯示科技概論」課程所需，由陳鴻興教授邀請集結了國內從事色彩工程相關研究之一流學者及專家們編撰而成。由於該教材編寫認真，內容新穎豐富，獲選為95年度優良教材。

　　色彩工程為影像顯示產業的核心領域之一，為決定面板價值的關鍵技術之一，同時也與照明、數位相機、印表機、醫療影像、印刷、數位內容等產業密切相關。由於色彩工程領域在本土之發展及規劃較歐美日來得緩慢，國內在此領域的研究經驗與人力較為不足，而在大學校院開授色彩相關課程在近幾年才有較大成長，然而卻缺乏適合的教材。本書的誕生，對於從事以上相關領域的師生、廠商與工程師將

是一大福音，如能活用書中所述之原理，將可有效提高相關研究之深度與相關產品之附加價值，因此，本人非常樂意推薦此書。

李三良

（教育部影像顯示科技人才培育計畫推動辦公室主持人）

（臺灣科技大學教務長）

（臺灣科技大學電子系教授）

2009/1/30

Contents

目錄

第一章
顯示器發展趨勢

1.1 開論：Display Never Die

李白曰：天生我才必有用，道出了五官及大腦的天性。而今日的腦科學也證實了，大腦區域裡處理視覺的訊息比其他四個感官區域總和還要多，說明了視覺訊息的複雜度，也正因此，這一部分的祕密仍是腦神經科學家探索的重點。也正因為視覺訊息的重要性，而有了顯示器的開發及歷史。

本章節將要探討西元1897年到2050年，在這150年的顯示器年代裡，從過去的歷史演進到目前的發展現況，以及將來人類所需求的顯示器特質，做一完整的說明及預測。歷史上顯示器的種類依顯示方式的不同分為三大支：直視型、反射型與投影型，如**表1-1**所示，總共有幾十種之多，其中在市場上引領風騷的映像管（Cathode Ray Tube）及液晶顯示器（Liquid Crystal Display）是自發光型顯示器（CRT）與非自發光型顯示器（LCD）的代表。

表1-1 顯示器的種類

顯示器	直視型	自發光型	電漿面板顯示器（電漿顯示器）	交流型
				直流型
			電機發光顯示器（EL）	有機型
				無機型
			發光二極體顯示器（LED）	
			冷陰極電子發射型顯示器	場發射型（FED）
				表面傳導電子發射型（SED）
				碰撞表面發射型（BSD）
				真空螢光發射型（VFD）

				扭曲向列型液晶（TN）
顯示器	直視型	非自發光型	被動矩陣式	超扭曲向列型液晶（STN）
				鐵電型液晶
			主動矩陣式	薄膜二極體
				非晶矽薄膜電晶體（A-Si）
				低溫多晶矽薄膜電晶體（LTPS）
				高溫多晶矽薄膜電晶體（HTPS）
	反射型	非液晶型	電泳型（Electrophoretic）	
			液態粉型（Liquid Power）	
			電濕潤型（Electrowetting）	
			電致色變型（Electrochromism）	
		液晶型	扭曲向列型液晶（TN）	
			膽固醇型液晶（Chrolestiric）	
			高分子分散型液晶（PDLC）	
	投影型	矽基液晶型顯示器（LCOS）		
		數位微鏡面型顯示器（DMD）		
		高溫多晶矽型顯示器（HTPS）		

在過去的100年裡，顯示器的發展已有三維體積型的映像管，進展到二維平面型的顯示器，目前全世界更有多家的研發機構更進一步

發展一維捲軸型的軟性顯示器，然而人類科技的文明不會讓此發展就此打住，在歐美國家已有人在發展不需顯示介質的零維立體型顯示器。如**圖1-1**所示，在未來的50年將會有其他不同的顯示方法被發展出來，這正代表顯示器的推陳出新，源源不絕。

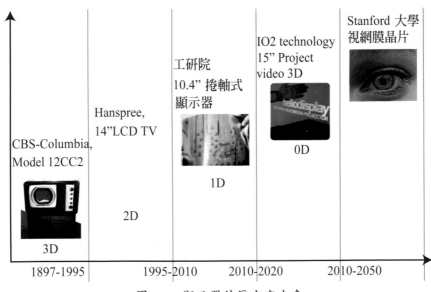

圖1-1　顯示器的歷史與未來

1.2　三維體積型顯示器的霸主：陰極射線管

自1897年德國物理學家Karl Braun設計出第一支用來顯示資訊的陰極射線管（Cathode Ray Tube）以來，映像管已有百年的歷史，Braun在真空管加上線圈，使激發的電子可以透過磁場改變方向，而在撞擊在不同的位置的螢光粉而產生可見光，進而利用視覺暫留特性而產生影像，因此，陰極射線管也叫Braun管。

而在1964年，黑白電視節目的開播，更是開啟了映像管應用在電視的發展里程，其中RCA發展出今日電視仍在沿用的彩色映像管架構

原理（1938年美國專利號碼：2141059由Vladimir K. Zworykin設計，如**圖1-2**所示），最令人佩服。

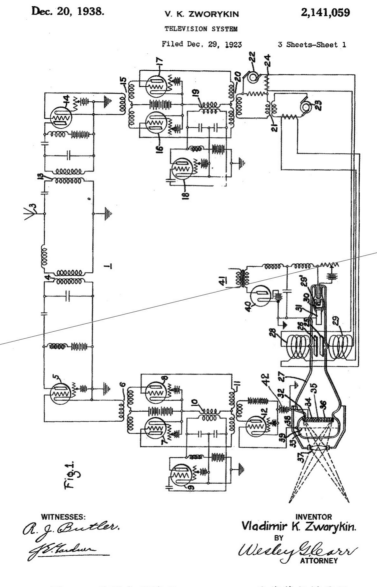

圖1-2　美國專利號碼：2141059，映像管架構電視

時至今日，陰極射線管的改善大都是在螢光粉效能的進步，而螢光粉所發出的光譜也決定出顯示器的色域範圍及色彩表現。因為，陰極射線管有長久的發展歷史，所以在色域範圍有不錯的表現，優於液晶顯示器（用冷陰極燈管（Cold Cathode Fluorescent Lamp）為背光源）及電漿顯示器。**圖**1-3所示為映像管、液晶顯示器（用冷陰極燈管為背光源）、液晶顯示器（用LED為背光源）、電漿顯示器之四種顯示器的色域範圍。

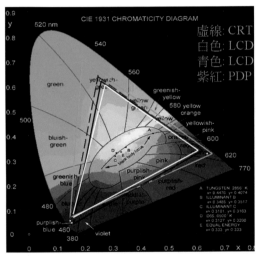

圖1-3　　四種顯示器的色域範圍：映像管（虛線），用冷陰極燈管爲背光源液晶顯示器（白色），用LED爲背光源液晶顯示器（青色），電漿顯示器（紫紅色）

映像管是發展超過百年以上的顯示器，也因此在效能上展現各種性質的優越性：足夠的亮度、不錯的對比、優越的發光效率、理想的反應速度、寬闊的視野及簡易的電子電路設計，這些特性仍是今日平面顯示器模仿及追求的指標。然而隨著近年來科技的發展技術及生活水準的提升，對影像的解析度及尺寸的要求都愈大、愈高；映像管電視因為映像管的製作不易做大及也不易做出高解析，因此在30"、40"

以上的映像管電視厚度都高達30～40公分以上，其重量也重於15～30公斤以上；三維體積及一般解析度的限制，在新世代顯示器的要求下將會被平面顯示器取代。

1.3　二維平面型的顯示器之爭：液晶顯示器 v.s. 電漿顯示器

　　以新科技之姿，在20世紀與21世紀交接時，進入市場，挾帶著超薄，超大等技術優勢給映像管電視帶來了極大的衝擊，也改變了人們的生活。電漿顯示器與液晶顯示器之爭開始於1980年代的筆記型電腦時代，然而因為電漿顯示器的電力消耗很大，所以很快就讓液晶顯示器在筆記型電腦（NB）上獨占鰲頭。進一步發展至今日，兩者在電視的市場上再度交鋒，兩者在近幾年都各有長足的進步，才能在市場上各有擅長。

　　液晶顯示器技術的進步主要在下列幾項：

1. 液晶注入技術的突破，新技術採用ODF（One Drop Fill）取代真空管吸入法，這個製程技術是先計算面板所需要的液晶用量，然後一滴一滴地快速注入到面板，這個方法讓大尺寸液晶面板的生產從每片需要數天的製造時程縮短到數十分鐘，達到量產大電視的生產速度需求。

2. 廣視角技術的提升，在筆記型電腦時代的液晶顯示器因為是個人使用，對於觀看視角的要求不若耗電量重要，然而在電視市場上卻全然相反，因為電視是客廳的主角，對於觀看視角的要求，自然是與映像管相類似比較。因此，液晶顯示器藉液晶種類的改善及新畫素（圖1-4）設計的搭配有MVA及IPS二種方法，可以達到市場需求。

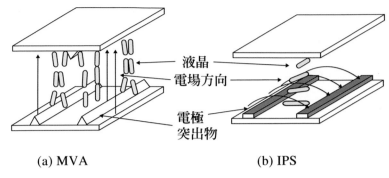

(a) MVA   (b) IPS

圖1-4　廣視角液晶顯示器畫素設計方法

3. 反應速度技術的改善，在PC上螢幕的使用，主要在電腦操作環境中，螢幕所顯示的資訊主要是靜態畫面，但是在電視的需求上卻是要能夠展現出比賽時清清楚楚精采過程，因此這幾年也藉由液晶材料的進步及過驅動電路的搭配上，達到可接受的水準（**圖**1-5表示過驅動電路原理）。

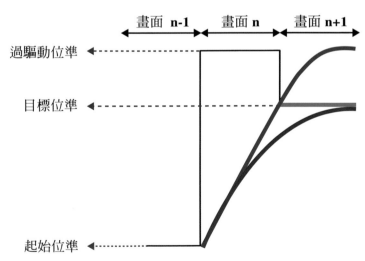

圖1-5　過驅動（Over Drive）電路方法

在1995年日本富士通就已經生產42"電漿電視，也因此這幾年電漿顯示器技術的進步主要在於：

1. 發光效率的再進化：電漿電視是利用氣體放電，發出紫外線激發螢光粉來產生可見光，效率的增加主要是從①氣體成分中氙氣（Xe）的比例從5%提升到10%，②畫素結構從條狀改成格子狀，增加螢光粉的面積及③最新的保護層材料，來增加二次電子效率。因為發光效率的提昇及電漿電視本身為自發光元件，所以在大尺寸上的耗電能力才可與液晶顯示器不相上下。

2. 畫面殘影的克服：殘影的現象有二種，主要依時間長短來判斷，液晶顯示器畫面的殘影主要是屬於短時間的效應，原因是液晶有殘留電壓造成，通常改畫面或幾分鐘之後就會消除，而電漿顯示器的殘影，主要來自於長時間電漿離子撞擊螢光粉造成螢光粉效率的減低及保護層的穿透率降低，而在顯示畫面時，造成畫面不均勻而有留有殘影。這個問題也在保護層製程能力提升及螢光粉品質改善後而有了明顯改進。

　　而未來的發展在液晶顯示器主要著重在：

1. LED（Light Emitting Diode）背光源的開發：LED因為簡易的驅動及輕巧的尺寸已經在小尺寸液晶顯示器上使用，近年來因為日本公司在效率上的提升已經可以高達150lm/W，是目前冷陰極燈管（CCFL）的2倍，預期會在可攜式的產品上再攻城掠地，另外在色彩表現上，R/G/B LED的發光波段彼此之間比較無重疊，所以在色域上的表現比CCFL提升40%，可以用來展現更多美麗的色彩。另外，利

圖1-6　類自發光的LED背光控制

用點矩陣式的LED排列，藉由電子電路的控制，可以讓液晶顯示器達到——**類自發光**的功能，也就是需要有明亮的區域（如**圖**1-6中的建築物等），LED才點全亮，而黑暗畫面的區域（如**圖**1-6中的樹影等），LED則關閉，至於昏黃區域（如**圖**1-6中的草地等），則讓LED半亮點著，因此可以達到省電的功能，讓LCD進入到**類自發光**的性能。

2. 色序法（Color Sequential）的開發：傳統液晶顯示器是利用白光穿透過濾色片（Color Filter）來產生R、G、B三顏色的光，再利用人類視知覺在空間中的分辨率，將R、G、B的光混合為白光，而產生各色各樣精采的畫面，然而白光經過濾色片效能損失了70%，所以提升液晶顯示器的光利用率也是未來發展的重點。

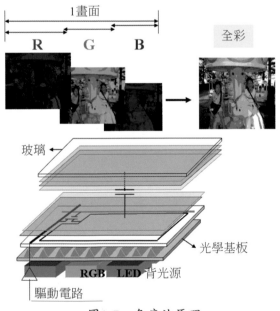

圖1-7　色序法原理

色序法則是利用人類視知覺在時間上的分辨率來產生R、G、B畫面混合的效果，達到全彩的目的，其運作原理是搭配，R、G、B的光源，在第一時間產生全部紅色的畫面，在第二時間產生全部綠色的畫面，在第三時間產生全部藍色的畫面，再經由人眼視知覺的訊號處理來呈現彩色的畫面（圖1-7）。如此一來可以有效的利用光的使用率，達到倍數的成長。另一方面又可以降低液晶顯示器的成本。再加上使用R/G/B種類的LED背光，這類的產品將會在市場上流行。

　　而電漿電視的未來趨勢，依然著重在前面所述的二個重點，當然降低成本也是電漿電視的發展重點，才可以在競爭的市場上占有一席之地。在自發光型（PDP）與非自發光型顯示器（LCD）競爭中，有幾個在影像品質的因素也會是參考的因素：1.清晰度，2.視角，3.色彩。注重這幾個項目可避免在競爭中落後。

1.4　一維捲軸型的軟性顯示器發展

　　若說映像管是第一波的顯示器開拓者，平面電視就是第二波的顯示器波潮，然而，即將來臨的第三波就是軟性顯示器，軟性顯示器具有輕薄耐衝擊等等優良特性，使得產品攜帶方便，同時產品容易加工，可以剪裁成不同形狀，易於人性化的設計及多元外型，讓終端產品可以有更寬廣的無線可能。

　　二十世紀西班牙超現實主義大宗師達利（Salvador Dali，1904～1989），在1931年「記憶的堅持」（The Persistence Of Memory）之作品中，描繪了一個軟綿綿的鐘錶在樹枝上倒掛著，在人臉上鋪陳著，隨處可見，是當今世上最傑出的超現實主義作品，也隱約地，勾

勒出未來的軟性顯示電子世界。達利的作品觸動我們對常態事物全新的看法，而先知的卓見總是創新的源頭。

然而軟性顯示器最關鍵的技術就是基板材料的應用，已不再是厚重易碎的玻璃基板，而是由不銹鋼金屬薄片及塑膠基板取代，然而，如何將面板的技術應用在軟性基材上，將會是很大挑戰，另外軟性顯示器的顯示介質，也有多種介質的競爭，從有機電激發光（OLED）、膽固醇液晶（Cholestric LC）、高分子分散型液晶（PDLC）、電泳型（EPD）、電致色變型（ECD）、液態粉末型（Liquid Powder）等各式各樣不同選擇。然而這些介質的選定，必需考量到軟性基材的特性，尤其在耐溫性、平整性、耐化性、阻水性及阻氧性均較玻璃基材差，這些是需要考量的。軟性顯示器的最終夢想是要將現有面板的製程由枚葉式的製作流程進步到連續式的製程，利用低溫及不需真空製程的條件，來大幅降低成本。

未來發展的走向在有機材料從傳統大家所認為的絕緣體變成可導電的半導體，甚至在低溫下有超導的特性，而引起廣泛的研究。以色列的Visson公司也開發出一種柔軟性的彩色顯示器材料，該公司以織物架構取代傳統多層平面顯示器架構，同時以一種類似編織的程序取代複雜的薄膜製程技術，這種結合傳統紡織和發光原料的技術可以製造出看起來像薄的衣服的顯示器產品，適用於大型看板、招牌等。

現在軟性顯示電子產品才剛要嶄露頭角，以後更可以結合例如：微機電（MEMS）、奈米碳管或相關薄型IC設計，其除了可應用在顯示器之外，也可以應用在電子標籤、智慧卡、記憶體、感測器、防偽裝置、醫療診斷測試工具、可拋棄式電子產品、可穿戴式運算裝置等領域。期望未來在我們四周原有的那些硬質且厚重的顯示資訊或顯示

家電產品，即將逐一地由這些具備輕、薄、可撓曲、較耐撞擊及符合人體工學等良好特性的下世代顯示電子產品所取代，例如：軟性平面電腦、軟性平面音響、電子書本、電子紙、軟性平面電視等。甚而未來一些個人用的IT裝置，都可能與人的身體或衣服結合，例如：我們要聽的MP3，做成超薄軟性與衣服結合在一起，手指按下衣服上的按鍵，即可透過超薄軟性的揚聲器將聲音播放出來。在衣服上做一些超酷超炫的顯示，身上帶上RFID或一些可做生理監控的IT裝置等，諸如此類的軟性顯示電子產品不勝枚舉，有著許多想像的空間，待我們去一一地發掘出來，進而打造出一個軟性顯示的優質生活空間。

1.5　零維立體型顯示器初探

當國際大廠及研發單位都著重在軟性顯示器相關的議題開發時，在歐美地區的小角落裡正有人埋頭苦幹，試圖跳過第三波的發展，直接走向在空氣中成像的技術，此技術如同在科技電影裡，將人像投影在空氣中，可以對話更可以互動，在此簡介一家公司在此方向的進展，這家名為IO$_2$ Technology的公司，是一家位於美國加州舊金山，主要發展主軸是下世代顯示技術，希望符合龐大複雜的資料及視覺處理，主要是利用電子學與空氣動力學原理，在設計上是一個後投影的系統，將影像投影在流動的空氣中，所以觀看者可以看到流動的空氣介質影像或影片，這些2D影像因為沒有參考點，所以看起來像3D，不需要戴眼鏡，具有廣的視角及良好的對比，而且已經做到互動式的模式，可以在空氣中移動影像中的物體，更是令人佩服，相信此產品的影像品質會愈來愈好。

1.6 結論：終極顯示器：虛擬的世界，真實的呈現

　　在零維立體顯示器之後，什麼是顯示器的終極夢幻產品？直接將影像資料傳送到視網膜（retina）晶片，可以達到用最少的電顯示全視角的影像目的，這樣的可行性在不久的將來是有機會實現的，這將是顯示器的終極夢幻產品。近年來經過科學家不斷的努力，具有感光細胞功能的視網膜晶片已經植入猴子眼球，經過2年仍運作良好，這是在神經型態微晶片（Neuromorphic Microchip）領域的進步成果。人類視覺神經至今仍是極其複雜的科學，至今我們仍不是很清楚視網膜內許多細胞的運作功能，所以預測大腦解讀的影像，雖然只能大概判讀大體的形象外觀，卻是很大的進步，更有進者，達到我們所希望的夢幻視網膜晶片也是指日可待的。

參考書目

1. Television History-The First 75 years網站：www.tvhistory.tv

2. 顧鴻年、周本達、陳密、張德安、樊雨心、周宜衡等（2002）：《光電平面面板顯示器基本概論》，高立出版社。

3. Lawrence E. Tannas, Jr.（1985）："Flat-panel displays and CRTs", New York.

4. 陳明道、黃日鋒（2005年2月）：〈新世代超薄軟性概念錶〉，電子先鋒創刊號，工研院電子所。

5. IO2 Technology網站：www.io2technology.com

6. Forscreen網站：www.fogscreen.com

7. Dr. Alan Stocker網站：www.cns.nyu.edu/~alan

8. Stanford大學Brain in Silicon研究網站：www.stanford.edu/group/brainsinsilicon

9. kwabena Boahen（2005年6月號）：〈視網膜晶片〉，科學人，遠流出版社。

10. 吳重雨（2005年6月號）：〈讓晶片看得見〉，科學人，遠流出版社。

第二章
視覺與色彩心理

　　人眼可視為一個有機的光學系統，每個人人眼的特性有其差異，在不同時刻、不同環境下，同一眼睛呈現的特性也不相同。所以討論人眼的特性，通常取一般心理物理量測數據範圍的中間值。此數據亦作為工程應用與設計的估算基礎。

2.1 眼睛的構造

　　圖2-1顯示人眼右眼球的水平剖面圖。眼球近於球形，平均直徑為20mm，有三層膜包覆：外層的角膜（cornea）和鞏膜（sclera），第二層的脈絡膜（choroid）以及內層的視網膜（retina）。角膜是堅硬而透明的組織，覆蓋眼球的前方，不透明的鞏膜連著角膜，覆蓋眼球其餘部分。脈絡膜緊貼著鞏膜，布滿血管以提供養分。其表面充滿色素以阻擋非經由水晶體入射的外部光線，及吸收眼球內部的散射，避免因而造成的漫射影響影像的清晰程度。脈絡膜的前端分岔成睫狀肌（ciliary muscle）與虹彩（iris diaphragm）。虹彩中央開口形成瞳孔（pupil），虹彩的伸縮控制瞳孔的大小以控制入射的光通量。瞳孔直徑的改變約在2～8 mm間，換言之，可使光通量改變達1：16，然而視網膜的感光度有方向性，所以有效的影響範圍是1：10。一般而言，瞳孔對眼睛的亮度調適機能（brightness adaptation）影響有限。

　　若用照相機來比擬人眼：角膜與水晶體構成鏡頭，虹彩形成的瞳孔是光圈，視網膜即為底片或影像感測元件。人眼的焦距約22.3 mm，若以瞳孔直徑7 mm計，則人眼光學系統的F/Number＝22.3/7＝3.2。一般的焦距在22 mm～24 mm，瞳孔大小也隨光線強度改變，故F/Number也不同。

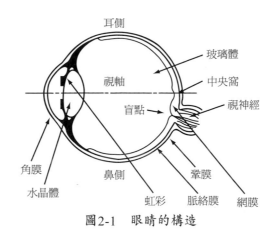

圖2-1　眼睛的構造

　　水晶體（lens）中有60～70%的水，以及脂肪與蛋白質；有少量的黃色色素會隨年齡而增加。黃色色素吸收8%的可見光及相對較多的紫外光，而蛋白質吸收紅外光與紫外光，避免此兩波段的光線過量而傷害眼睛。

　　入射眼睛的光線有70%的折射來自角膜，其餘30%來自水晶體。水晶體的曲率可由睫狀肌的伸縮控制，形同調整焦距，隨所注視物體的遠近而調整，使其能對焦到視網膜上。當此調整機能退化，即造成近視、遠視與老花眼。

　　眼球最內層是視網膜，視網膜占內側球面的72%。視網膜的厚度不到0.5mm，有三層神經細胞和兩層神經元。神經匯聚到盲點組成視神經束通向腦部。因此盲點沒有感光細胞，約為3 mm²大小的橢圓形。人眼在視物時，眼球不斷轉動如同移動數位攝影機，形成多重圖框（frame）的重疊成像，因此盲點不影響視覺。從盲點向耳側的方向有一黃斑區，呈黃色，可吸收紫外光，如同戴上太陽眼鏡，以保護覆蓋其下密集的視覺感光細胞組織。其中心是中央窩，中央窩直徑約1.5 mm，此區域的感光度最靈敏，視覺解析度也最高。中央窩周圍約6 mm的區域稱為中央視網膜，其外是邊緣視網膜。

光線要通過整個視網膜才能達到感光細胞。感光細胞之外層，即為脈絡膜（choroid），脈絡膜含色素以吸收光線，減少反射與散射，避免干擾影像的強度與形成雜訊。

2.2 視覺感知器：視柱細胞（rod）與視錐細胞（cone）

人眼的視網膜有兩種感光細胞，通稱為視覺感知器（photoreceptor），一種稱為視柱細胞（rod）或桿狀感知器，另一種是視錐細胞（cone）或錐狀感知器。此名稱是由其外觀形狀而來。此兩種感知器的直徑約為0.9μm～2.5μm（視錐細胞為底部的直徑），長度為20μm～40μm。直徑與長度隨其分布在視網膜的位置而異。視網膜裡一共約有6～7百萬個視錐細胞和約75～150百萬個視柱細胞。中央視網膜主要以視錐細胞的分布為主，周邊視網膜以視柱細胞的分布為主。圖2-2顯示視錐細胞與視柱細胞在視網膜上密度的分布，圖中的光盤（optic disc）即為盲點，既無視錐細胞也無視柱細胞，無法感應影像。除了盲點外，感知器以中央窩為圓心（0度位置，即眼球之光軸）向外成對圓心對稱的分布。視錐細胞集中在中間光軸附近，密度向外急速降低，視柱細胞的密度隨視錐細胞的降低而增加，超越20度位置之外密度逐漸降低。

黃斑中心的中央窩直徑約1.5mm範圍內，視錐細胞的密度最高，約為150,000/mm^2，體積也最小，排列成蜂巢狀六角形，加以每一視錐細胞聯結一視神經，對影像細節辨認能力最高，故為高解析度範圍。視錐細胞對光亮度的反應在高亮度範圍，有別於視柱細胞的低亮度，稱為明視覺（photopic或bright-light vision），且具有分辨顏色的能力。

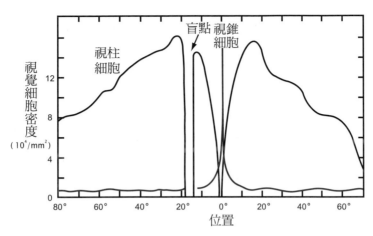

圖2-2　視柱細胞與視錐細胞在視網膜上的密度分布（Gonzalez）

　　視柱細胞分布在中央視網膜以外的整個視網膜上，涵蓋眼睛的視界範圍（field of view）。由於數個視柱細胞連結一條視神經，因此降低其對細節辨認能力，為低解析度的視覺。視柱細胞對低亮度的光敏感，使用於環境亮度為低亮度時，稱為暗視覺（scotopic或dim-light vision），然而不能感應色彩。

　　在光線強時，例如：在日光下，眼睛主要是明視覺在感應，因此可看到顏色及較佳之解析度。然而中央窩的視界範圍小，約4度，眼睛凝視一點時，只有在此範圍內的視界達到最佳的影像解析度及色彩辨認能力，超過此範圍之解析度和色彩辨認能力就急速降低。若要看大範圍視界，如電視屏幕目及開車時，眼球須不停轉動，如前一節所述。光線微弱時，例如在月光下，暗視覺在感應而無法分辨顏色，看到的是黑白影像，細節辨認能力亦差，然而視界極大，涵蓋約140度，有助於人類在暗夜時對四周環境異動的警覺。

　　視網膜上有1.5億（150百萬）感光細胞，但是視神經軸突只有約120萬，因此大量的影像前處理在視網膜上就完成了。黃斑中心由於

視錐細胞密集，信息最精確。雖然黃斑只占整個視覺面的0.01%，但是視神經裡10%的軸突傳遞的是指這裡的信息。

圖2-3顯示視錐細胞明視覺和視柱細胞暗視覺對光譜能亮的相對敏感度，它們為波長之函數。不論是明視覺或暗視覺，對綠光反應靈敏，對長波長（紅光）和短波長（藍光）反應差。

視錐細胞與視柱細胞的特性與差異摘要列表如下：

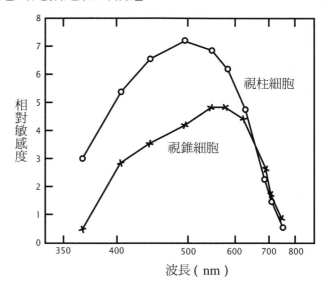

圖2-3　視錐細胞明視覺和視柱細胞暗視覺對光譜能量的相對敏感度與波長之關係（Pratt）

表2-1　視錐細胞與視柱細胞的特性與差異

	視錐細胞	視柱細胞
亮度水平	適用日間視覺	適用微光視覺
敏感度與解析度	低敏感度、高解析度	高敏感度、低解析度
色彩分辨能力	可分辨色彩	無色彩分辨能力
敏感度範圍	400～700nm	400～600nm
敏感度峰值波長	507nm	555nm

2.3 人眼光譜感測敏感度

視覺實驗顯示，人眼視網膜有三種視錐細胞，對光譜吸收特性不同，是為波長的函數。感應長波波段（峰值為紅色）的，稱為L-cone，感應中波波段的（峰值為綠色）的稱為M-cone，感應短波波段的（峰值為藍色）是S-cone。其光譜反應如**圖2-4**所示，γ為L-cone，β為M-cone，α為S-cone，其峰值波長分別為566 nm，543 nm和440 nm。所占數量的比例為：L-63%，M-32%，S-5%。此圖顯示兩重點：(1)S-cone的反應敏感度，相對較低；(2)M-cone與L-cone有相當大的部分重疊。此實驗數據亦提供色彩視覺三色原理（trichromatic theory）的理論基礎。

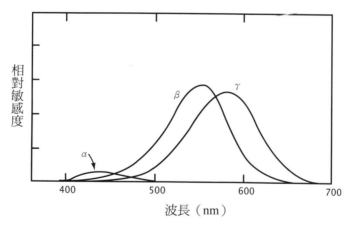

圖2-4 三種視錐細胞的光譜反應（Pratt）

依據研究，中央窩的中心約0.34°，其視角的範圍內沒有S-cone。L-cone與M-cone的比例為1.5，在1°的視角範圍內，S-cone有7%。S-cone的分布是半規律的，而M-cone和L-cone則是隨機分布。

此圖顯示三種視錐細胞的光譜分布重疊，而且重疊頻寬大。S-cone的反應低，表示對人眼視明度貢獻小，因此藍色的視明度低，

看來趨近黑色，不若黃色明亮，看來趨近白色。若人眼對亮度的反應函數寫作V（λ），理論上V值是L、M、S三者感應亮度之和。在一般分析上，亦常有以L＋M～V取代，因為S對視明度貢獻小。人眼對不同顏色的灰階辨識能力與影像細節解析能力，顯然與此三種視錐細胞的分布位置與密度有關，然而其中的機制與關聯性仍有待更多的研究。除此之外，視錐細胞後側的神經與腦部的訊號處理作用，亦扮演重要角色。

目前的研究是將視錐細胞的光譜反應的基本特性假設為：(1)視錐細胞吸收光子所產生的反應效率（類似光感測器的光電轉換效率）與波長無關，此點與光感測器或影像感測器不同；(2)吸收的光子數量決定每種視錐細胞反應訊號強度；(3)波長直接影響吸收的或然率。

顏色在物理上的意義是一物體發射或反射可見光電磁波或色光的光譜分布。人眼在顏色的辨認上，最重要的特性之一是同色異譜。它的意義為：兩種色光對人眼的刺激，物理上光譜或許不同，但對S-、M-、L-視錐細胞的刺激值若相同，則人眼視為相同的顏色。結合視錐細胞的光譜反應假設與同色異譜特性，構成視覺三原色理論的基礎：利用三原色有可以匹配任何光譜能量分布（spectral power distribution，SPD），或者可說在物理世界的光譜能量分布，可經由三原色的感測方式與感測能量的比例，模擬在人眼視覺系統中形成的顏色。此理論使得色彩重現（color reproduction）成為可能。例如一個紅色蘋果的顏色如要複製，可用有限的彩色染料混色，或經由彩色影像顯示器三原色做色光混色。只要形成的光譜對人眼S-、M-、L-視錐細胞的刺激值與原始蘋果的刺激值相同，人眼即感知（perception）為相同的顏色，而不須重建蘋果的光譜能量分布。

2.4　人眼亮度反應與調適

人眼視覺所能看到的亮度範圍極廣，從暗視覺的閾值（threshold）約在星光下的亮度，到明視覺的眩目亮度，相當於陽光直射時的亮度，涵蓋10個數量級（order of magnitude）。實驗顯示人眼的視明度（subjective brightness，或稱主觀明度，即人眼視覺系統所見的明度）是入射眼睛光亮度的對數函數。**圖2-5**顯示光強度與人眼視明度之關係。實線表示人眼可調控的亮度範

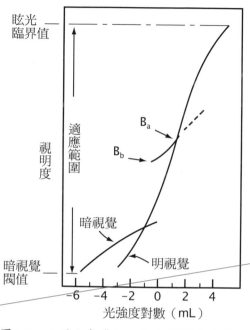

圖2-5　人眼上色感知、亮度調適與光強度之關係（Gonzalez）

圍。明視覺可涵蓋10^6，暗視覺到明視覺重疊範圍為0.001到0.1mili-lambert（-3到-1mL）。此處：

1 lambert（L）
= $1/\pi$ candela per square centimetre（0.3183cd/cm²）................（2-1）

人眼對亮度的動態範圍是100：1，即2個數量級，因此無法同時觀看10個數量級的亮度範圍，而是隨環境亮度而滑動調適，稱為視明度適應（brightness adaptation）。圖中B_a到B_b之實線表示在該亮度下，人眼之視明度範圍涵蓋約2數量級。此線右端之虛線表示亮度上端可延伸，亦即是明度範圍增加，但有其限度，當亮度太大時，人眼即調適到另一亮度範圍。

影像感測器（例如：CCD或CMOS, Complementary Metal-Oxide Semiconductor）的動態範圍（dynamic range）一般可達3個數量級（1000:1），遠小於人眼可感應的亮度範圍（軍事或航太使用的可達6個數量級）。當數位相機設計時，若控制曝光時間由1秒至1/1000秒，函蓋3個數量級，則共有6數量級，仍無法涵蓋人眼可見亮度範圍。若精確計算，一般輸出訊號為8bit即（256:1），假設加上可變光圈5-stop（128:1），再加上曝光時間之控制，諸項要素相乘之總動態範圍為3×10^6，仍然遠小於人眼之動態範圍，亦即在極亮或極暗的環境下，人眼可視物，而數位相機無法拍攝清晰影像。可見人眼的性能表現遠優於一般的照相機。

2.5 人眼解析度

根據上述，視錐細胞的密度為150,000/mm^2，六角形蜂巢狀的排列使得兩視錐細胞間的距離為0.003mm，視角與視網膜上長度之關係為0.39mm/deg（人眼焦距為22.3mm）。因此兩視錐細胞間的距離相當於$0.003/0.39 \approx 0.0077°$＝0.42min（分弧）。根據Nyguest準則，此一距離可分辨的線對（line pair）的最小視角為0.84分弧[註1]。

人眼解析度一般用視力（visual acuity或視覺敏銳度）表示，其定義為人眼能分辨兩點或線對（line pair兩條線）之最小視角，對於「正常」的視力而言，此角度為1分弧（arc minute, 1 degree＝60 arc minute），此為視力1.0。若視力為2.0則可分辨的最小視角為0.5分弧；一般工程上應用以1分弧為計算的參考數據。

[註1] 另一估算人眼解析度的方法是光學鏡射極限q（Diffraction Limit），其公式為q = 1.22 × λ ×F/N0，λ 為波長，此處用0.55μm，人眼若為一光學鏡頭F/N0 = 3.2，因此q = 0.00215mm～0.33mm，兩者約略相等，通常較大值為極限。

$$1分弧＝\pi/180/60＝2.9\times10^{-4}rad. \dots\dots\dots\dots\dots\dots\dots（2\text{-}2）$$

　　1分弧相當於距離1公尺時的弧長為0.29mm。假設在0.5公尺距離觀看一列印圖文，則當列印點小於0.145mm時，眼睛即無法分辨每一列印點，此大小相當於175dpi（dot per inch），因此一般300dpi的印表機，用半色調色點（half toning）的方式列印影像，影像品質已足以使眼睛視為連續變化之圖像，而非如同顆粒般之列印點。同理，陰極射線管（CRT）之電視或液晶顯示器（LCD），若每一彩色像素點小於此數值，眼睛即視為連續圖像，而達到混色的作用。通常液晶顯示器之像素點大小為0.39mm×0.39mm，由紅、綠、藍三片彩色濾光片組成，每片大小為0.39mm×0.13mm在0.5公尺距離時，小於人眼能分辨的程度，即可達到彩色混色的效果。

　　若將數位相機類比於人眼，1分弧的解析度可辨認1線對，則至少須兩個像素點才能解析一條線（數位訊號處理之nyquest criterion），每一像素點之大小為0.5分弧。一般數位相機之視角為50度，相當於3000分弧，若要達到人眼的解析度，需要6000×6000像素點，即36百萬像素之影像感測元件。

　　人眼的視界（field of vision）為橢圓形，高150度，寬210度，以1分弧的解析度而言，所需像素點遠大於36百萬像素點，而錐狀細胞只有7百萬，集中於中央小窩，其直徑約1.25度（註：錐狀細胞的密度分布，從中心點向外急速降低。此處引用的數據，係在此範圍內無柱狀細胞）。眼睛觀看的機制為眼球作小步幅（step）的連續轉動，掃瞄視界範圍，而腦中持續加強與更新影像細節，如同將影像不停的印刷各部位細節，以形成整幅高解析度影像。同時人腦將雙眼的訊號

結合，加強辨認能力。加以人眼專注地凝視目標物時，眼腦的交互協調運作以及人腦記憶中既有之資料庫，可得到較視感接收神經密度更佳之辨認能力。如此自動調適的精密機制遠較數位像機之功能複雜。

2.6 色彩視覺機能

　　色彩研究者發現三原色的混色原理：三種基本顏色用不同比例可調出各種顏色。因此思考人眼對色彩的視覺，是否也由三色感測所組成？而無須如光譜儀般，需要有各種波長感測器來感應顏色。十九世紀下半葉，色彩視覺的三色理論（trichromatic theory）發展出來。根據麥克斯威爾（Maxwell）、楊格（Young）與赫姆赫茲（Helmholtz）等人的研究，認為人眼必然有三種波段的感知器，以L（長波）、M（中波）、S（短波）表示，對顏色的敏感度相當於光譜上紅、綠、藍波段。三色理論假設：外界的影像進入這三種感知器後，分成三個影像直接傳送到腦部，影像中三種訊號強度的不同比例，在腦中形成彩色畫面。此假設已獲得視覺生理實驗的證實，如本章2.3節所述，能辨認色彩的視錐細胞分為三種：分別是感應長波波段的L-cone，中波波段的M-cone及短波波段的S-cone，並已測量取得其光譜反應的數據。

　　視網膜上具有色彩視覺的三種感知器假設沒有疑問，但用這種方式傳送訊號較耗能量，效率不高，同時無法解釋一些觀察到的現象。約在同一時期，赫林（Hering）根據觀察的色彩呈現，提出色彩視覺的對立色理論（opponent-colors theory）。這些觀察包含：(1)色相（Hue）呈現、(2)同時對比（simultaneous contrast）、(3)殘像（afterimages）與(4)色盲者。

1. 赫林注意到有些色相不會出現在視覺中，譬如綠色偏紅或藍色偏黃，這些顏色彼此牴觸，不像紅與黃、紅與藍，綠與黃、綠與藍之混合，可得到不同程度色相。顯然紅—綠與藍—黃這兩色對是基本上相對的顏色。

2. 類似的情況出現在同時對比，當物體放在紅色的背景下看起來較綠，綠色的背景下看來較紅，同樣的，黃色背景看來較藍，而藍色背景看來較黃。

3. 視覺殘像亦然，紅色的視覺殘像變綠色，藍色的變黃色（視覺殘像不同於視覺暫留，係指注視某一顏色影像一段時間後，再看一白色紙張或螢幕，眼中會出現相對立顏色的影像）。

4. 赫瑞也觀察到有些色盲者是難以分辨紅—綠對色的色盲，或者是藍—黃色盲。

　　赫瑞假設有三種感知器（receptor），具有兩極反應（相當於信號的正與負）：明—暗，紅—綠，黃—藍。這理論在當時是難被接受的。

　　二十世紀中葉，心理物理實驗的量化數據出現，赫林的對立色理論開始獲得支持。生理學研究分別在金魚與猴子的視覺神經量到相對訊號，後續的眾多研究發展出色彩視覺的近代對立色理論（也稱階段理論，stage theory）。

　　依據階段理論，色彩視覺的第一階是三種視錐細胞L、M、S構成的感知器，其輸出並非直接傳輸進入腦中，而是在第二階的視網膜的神經中編碼成傳輸訊號。三種視錐細胞之和（L＋M＋S）是亮度（luminance）訊號，L與M之差（L－M）是紅—綠色訊號，正值為紅色，負值為綠色；L與M之和（L＋M），與S之差（（L＋M）－S）是

黃─藍色訊號,正值為黃色,負值為藍色。有些實驗顯示明度訊號並不包含S的輸出。不論假設為何,因S視錐細胞的數量比例亮少,感光度低,故對整體亮度訊號影響不大,在某些應用上可忽略。將L、M、S訊轉換成有正負差值的訊號,使得訊號傳送耗能較少,效率更佳且能降低雜訊(參照**圖**2-6)。

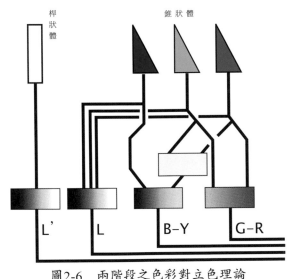

圖2-6　兩階段之色彩對立色理論

2.7 彩色視覺的空間與時間特性(Spatial and Temporal Properties of Color Vision)

　　在視覺經驗中,各種特性相互依存影響而非各自獨立。色彩刺激的反應與視覺空間和時間反應特性會互相影響。例如一塊白板,在明與暗的白光交互照射下,當達到某一適當頻率時,交互閃爍的亮度會刺激視覺神經而呈現某種顏色。

　　人眼視覺系統對空間與時間感應特性，一般用對比敏感函數（CSF, contrast sensitivity function）來量度。視覺心理物理（psychophysics）研究中應用的對比敏感函數相當於量測光學鏡頭解晰能力的調制轉換函數（MTF, modulation transfer function）或對比轉換函數（CTF, contrast transfer function），調制轉換函數MTF的定義為：

$$MTF(f) = \frac{M_i(f)}{M_o(f)} \quad\text{.....................................}\quad (2\text{-}3)$$

其中M_i，M_o係調變函數，定義為：

$$M(f) = \frac{L_{\max} - L_{\min}}{L_{\max} + L_{\min}} \quad\text{.....................................}\quad (2\text{-}4)$$

係將明暗（或黑白）變化為正弦函數之周期性（空間上或時間上）的圖形M_o，透過光學鏡頭所形成的光學影像M_i，量測其影像中亮度之最大值$L_{\max}$與最小值$L_{\min}$而算出MTF。此MTF值以%表示，它與明暗變化的周期大小有關，故為頻率之函數，以$MTF(f)$表之。對比轉換函數（CTF）通常以周期性黑白條碼圖形檢測，以$CTF(f)$表示，得到的結果與$MTF(f)$之數值相近。

　　視覺的空間解析能力（spatial resolution），亦用類似的方式檢測。人眼（如同鏡頭）觀察明暗周期性變化（同樣是空間上或時間上）的圖形。對比敏感函數定義為：

$$CSF(f) = \frac{L_{\max} - L_{\min}}{L_{\max} + L_{\min}} \quad\text{.....................................}\quad (2\text{-}5)$$

$CSF(f)$值亦以%表示，同樣與明暗變化周期大小有關，故為頻率之函數。將此對比敏感函數的視覺心理物理的實驗結果，作一適當的

轉換,如同鏡頭檢測般,將觀察圖形明暗對比為固定值,L_{max}是人眼視覺實驗時觀察目標的最大亮度值,L_{min}是最小亮度值。人眼所觀察的亮度比值即為圖2-7。同樣的實驗可用[紅一綠]或[藍一黃]週期影像測試,結果亦顯示於圖中。

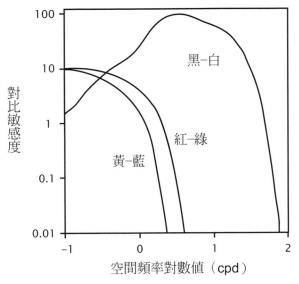

圖2-7　視覺對明度與彩色的空間頻率對比敏感函數,縱軸單位為%(Fairchild)

　　圖2-7是視覺對明視度(黑一白)與色度(chrominance)(紅一綠,黃一藍)的空間頻率對比敏感函數,橫座標單位每度週期數(cpd, cycle per degree),度數代表視角,即目標物在眼睛的張開角度。明視度對比敏感函數如同帶通濾波器(band-pass filter),其峰值(Peak)約在每度5週期(有些文獻用4週期)。此函數在每度60週期時趨近於極限,表示此空間頻率為眼睛光學系統的解析度,結合感知器的空間密度所能解析之極限。此為人眼解析度的極限(光學上以cut-off frequency表示)。此解析極限值因人而異,視力為1.0/1.0(亦有作10/10)表示解析度為1分弧,即人眼能分辨兩個點之最小角度。

相當於每度30週期（一週期表示一黑一白線條）。視力測驗表若用字母E，1.0/1.0處的筆劃與空白寬度為1分弧，此時視力若弱於1.0/1.0的人看到的是一團灰色，無法分辨筆劃中的黑白對比，而無法辨認E的指向。視力測驗2.0/2.0處為0.5分弧，相當於每度60週期，通常視力相當好。若視力測驗表用字母C，則C開口寬度為1分弧時，即為1.0/1.0。

在低頻方向，對比敏感函數亦降低，表示超出視網膜的中央窩，視錐細胞的密度降低造成解析度降低的結果。

人眼的結構與功能類似數位相機，角膜（cornea）和水晶體（lens）構成鏡頭，視網膜感知器相當於影像感測器（CCD或CMOS）。相機的解析度取決於鏡頭的解析度與感測器的像素密度。眼睛的解析度亦取決於角膜、水晶體構成光學解析度和視網膜感知器的密度，故當密度降低時，解析度亦降低。

圖2-7顯示人眼對色度的解析度極限，明顯的較「黑一白」低，同時其他空間頻率的對比敏感度，亦較「黑一白」為低。此顯示在同一空間頻率，人眼視覺對明亮度對比的微小變化遠較色度對比的變化敏感。或同樣微弱的明暗對比能分辨的細節較彩色更細密。其中「黃一藍」對比又較「紅一綠」對比差，此乃由於S視柱細胞的密度遠小於L與M。

人眼彩色視覺的空間特性可應用於彩色影像系統的設計，例如影像編碼、影像壓縮與影像處理。由於人眼對色彩的解析度明顯較低，故影像中的細緻紋理（或稱高頻訊號）其辨認主要來自其視明度。故其亮度資訊也盡量予以保留。在電視NTSC的標準中，訊號的傳輸是將RGB（紅、綠、藍）三色訊號轉換成YCrCb訊號，Y為視明度，其

傳輸頻道較寬，Cr，Cb分別代表色度訊號，它們可用較窄的頻道傳輸以節約傳送頻寬，而不影響影像品質。在JEPG壓縮標準中也用同樣的概念，將RGB影像轉換成YUV分量，Y值相當於亮度，對每一像素點作壓縮處理，UV是色度分量，可每二像素點或每四點抽一像素點（sub-sampling）作壓縮處理，如此可增加壓縮比例，亦即減少影像檔大小而對影像品質影響有限。同樣地，影像處理中的邊緣偵測及邊緣強化（edge detection/enhancement），無須用到「紅—綠—藍」三個分量計算，只需轉換成明度訊號「明—暗」計算即可，以節省計算時間。

　　數位彩色影像處理也利用人眼色彩特性，將RGB（紅、綠、藍）三色轉換成LCH，L是明度（lightness）、C是彩度（chroma）、H是色相（hue）。影像中之邊緣搜尋、邊緣強化、比率放大縮小及內插法等處理，均用複雜而精確的演算法處理明度（或亮度），用簡單的演算法處理色度分量，以節省計算時間。

　　在數位相機影像感測器的設計中，由於解析度主要來是亮度，而亮度值主要來自綠色，故彩色濾光片陣列的馬賽克設計，每四個像素有兩個為綠色，一個為紅色，一個為藍色，以增加綠色的密度，亦即增加明度的相對解析度，以符合人眼觀看視物時對明度的較佳解析力。

　　彩色視覺的時間特性，對明度與彩色而言，其對比敏感函數與空間特性類似。亦即圖2-7的橫座標改為時間頻率（取代原空間頻率），同一時間頻率下，視覺對明暗對比敏感度較色度對比為高，極限頻率（cut-off）也較高，明暗的頻率也較寬。時間的對比敏感函數也同樣顯示帶通濾波的特性。顯示人眼對某一頻率的瞬間影像有強

化功能。其所代表的意義為：動態影像，例如數位視訊影像（video image），播放的圖框速率（frame rate）會影響到影像的色度對比。

在此必須強調的是人眼視覺系統的各項機能是高度的非線性，其整體呈現的現象不能將個別因素獨立分析，此處空間對比敏感函數與時間對比敏感函數會互相影響，其機制仍待更多的研究。

2.8　亮度調適（Achromatic Adaptation）

人眼亮度調適機能是一很平常之經驗，當進出電影院時，由暗到亮或由亮轉暗，眼睛尚未適應，無法視物，須經一段時間調適後才能恢復視力。暗調適是由亮轉暗時，視錐細胞的感應調整到其閾值後，仍無法感應時，則轉換至視桿細胞。亮調適是由暗轉亮時，視桿細胞的反應達到飽和後，轉換至視錐細胞。視錐細胞的調適較快，約2～7分鐘，視桿細胞則須10～30分鐘才能完全恢復其敏感度。

如果是在明視覺或暗視覺的各自的範圍內，亮度調適就很快。當夜間開車或日間開車時，儘管車外環境的相對亮度不停轉換，所視物體進入人眼後，視明度仍會自動調適，使得看起來不受環境光源變化的影響，此機制類似攝影機之自動曝光控制。

2.9　色彩調適（Chromatic Adaptation）

人眼視覺系統特性之一是具備色彩調適之能力。在不同色溫的光源之下，例如日光燈或鎢絲燈，人眼看到的白色仍是白色，其他顏色也未改變。而在這兩種環境下的色度量測儀器或數位相機會得到偏藍或偏黃的影像色彩。vonKris提出的解釋是：由於人眼的三種視錐細

胞可「獨立」且「線性」調整其感應的敏感度，因此可以補償光源所造成的色偏，如圖2-8所示。vonKris據以發展出色貌模式可以修正色彩，使能更符合人眼所視，其公式表示為：

$$L'=k_l \times L \quad M'=k_m \times L \quad S'=k_s \times S \text{................................}（2\text{-}6）$$

L、M、S是視錐細胞之反應強度，L'、M'、S'是視錐細胞調適後之反應強度。但這種調適的機制仍不是很清楚。一種假設是人眼觀看時，會找到一「絕對白色」，所有其他顏色都以此為參考，換言之，以此參考白色調整k_l、k_m、k_s之數值，而用來觀看其他顏色。此機制類似數位相機之自動白平衡之演算法，然而其成效遠勝於數位相機之功能。

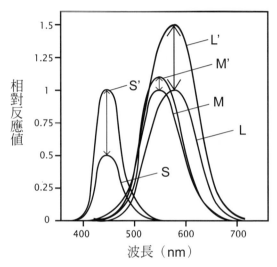

圖2-8　人眼視覺感度調適（Fairchild）

2.10 視覺能見度（Visibility）

人眼對物體清晰程度的觀察能力，稱為視覺能見度（visibility），影響人眼視覺能見度的五項要素如下：

1. 對比（contrast）：所視物體物體的亮度與其背景亮度之相對值，此亮度會受光源位置與室內反射有關。對比的定義是$\triangle I_c / I$，$\triangle I_c$是人眼恰可分辨的亮度差值與背景亮度之比率。

2. 大小（size）：東西越大看得越清楚。但是這並非物體的絕對大小，而是其在視網膜上之大小，因此我們會將物體移近以看得更多細節。這決定於人眼的解析度，一般所稱的視力。

3. 時間（time）：視網膜的光化反應有時間遞延之現象。所以需要足夠的時間完成反應。當物體出現時間短暫時，需要較高的亮度以捕捉影像，例如電影與電視的播放，然而沒有足夠的時間觀察影像細節。當間夠長時，可以觀察影像細節，如靜態影像。所以動態影像攝影，如視訊影像，其解析度不若數位相機般重要。

4. 亮度（luminance）：與入射光成正比，亦即環境的亮度，又與人眼的視明度動態範圍相關。

5. 色彩（color）：同樣的光源輻射能量，綠色的視明度較高，紅色與藍色較低，故綠色景象能看到的細節較多。當光線微弱時，綠色的能見度亦較紅色與藍色佳。

　　以上所述，看似理所當然，不需費詞，但是當我們設計影像相關的裝置時，如能考慮人眼的視覺特性，當能強化這些裝置使用時的視覺效果。

參考書目

1. Gonzalez, R. C., and R. E. Woods：*Digital Image Processing*, Chapter 2, Digital Image Fundamentals, 2nd ed. Prentice Hall, 2002.

2. Fairchild, M. D.：Human Visual System—Color Visual Processing, *Encyclopedia of Imaging Science and Technology*, John Wiley & Sons, 2002.

3. Smith, W. J.：*Modern Optical Engineering*, Chapter 5, The Eye and Color, 3rd ed. McGraw-Hill, 2000.

4. .Pratt, W. K.：*Digital Image Processing*, Chapter 2, Psychophysical Vision Properties, 3rd ed. John Wiley & Sons, 2001.

5. Berns, R. S.：*Principle of Color Technology*, John Wiley & Sons, 2000.

6. Valois, R. L. De：Human Visual System—Spatial Visual Processing *Encyclopedia of Imaging Science and Technology*, John Wiley & Sons, 2002.

第三章
色彩體系

3.1 前言

　　色彩是一種感覺，如同聲音（聽覺）、酸甜苦辣（味覺）、香臭（嗅覺）、疼痛（觸覺）一般，屬於人（腦）的主觀體驗之一。我們表達顏色是利用色彩三屬性：「色相」、「明度」、「彩度」三種成分來描述之。在過去的100年間，人類思索著將顏色的名稱、明暗及鮮豔程度系統數量化為由「色相」、「明度」及「彩度」構成的世界，並製作成為色立體。一般來說，色彩屬性與色光物理特性之間的對應大致為「色相」由色光之波長決定，「明度」由色光之強度決定，「彩度」由色光之純度決定，實際上並非如此單純的對應關係，以下介紹幾種常見的色彩體系。

3.2 孟賽爾色彩體系

　　孟賽爾（A.H.Munsell，1858～1918）是一位留法的美國畫家，他對美術教育具有很大的貢獻。孟賽爾從1901年起開始研究色彩體系，1915年發行「Atlas of the Munsell Color System」。而後修訂為現在出版的「Munsell Book of Color」色票（參考**圖3-1**）。

圖3-1　孟賽爾標準色票230色（1988年日本色研印製）

　　早期色立體發展的原始樣式表示如**圖3-2**，可以看出並沒有特定的形狀，後來由Munsell加入色相、彩度以及明度軸的概念，表示出立體的色彩樹（Color Tree）（參照**圖3-3**），完整之色彩體系才真正建立（參照**圖3-4**）。

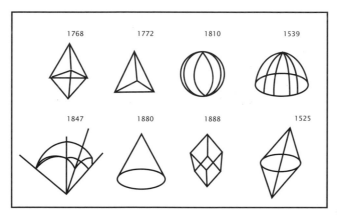

圖3-2　早期色立體發展的原始樣式

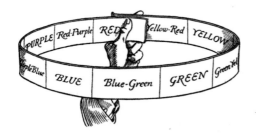

說明色相環的插畫

說明色平衡的插畫

色彩樹

圖3-3　Munsell的手稿日記記載的「Color Tree」

顯示色彩工程學

圖3-4　孟塞爾「Color Tree」色立體模型

　　孟塞爾色彩體系的色相環表示如**圖3-5**，中央有垂直的明度軸如**圖3-6**。其色彩體系由無彩度的明度軸間隔來表示明度程度，如將明度軸作水平切割，等明度平面的中心是灰色的，該平面放射狀排列成為等明度的不同色相顏色。所以沿著某方向的放射線（色相線）觀察，將取得某一定明度的特定色相（譬如紅色），其彩度值將慢慢增加。孟塞爾色彩體系的色相環首先選用五個主色相（5進位法，稱為「基本色相」），紅（R）、黃（Y）、綠（G）、藍（B）及紫（P）等五個色相，基本色相中間的配色有黃紅（YR）、綠黃（GY）、藍綠（GB）、紫藍（PB）以及紅紫（RP）等。孟賽爾是以十進位為基本依據，所以就有100等分的色相環。譬如把1GY至10GY等十階段的色相區分，從**圖3-5**的圖右側，1GY接近Y、10GY接近G、5G表示中間的黃綠色。而其他九個色相也是相同方式配置，1GY前面是Y，10GY後面是G，這樣將這10個色相排列成為圓形。

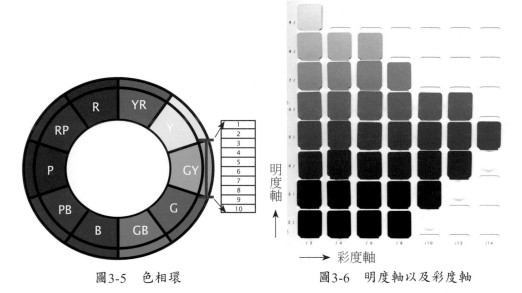

圖3-5　色相環　　　　　　　圖3-6　明度軸以及彩度軸

　　由圖3-6構造得知，孟塞爾色彩體系的上方顏色明度高、下方明度低，內側為無彩度色、外側是高彩度色。彩度的分布狀況會因為色相、明度而有差異。這和人眼的視感度曲線有關，視感度曲線在黃色是較高，在藍色是較低。所以鮮艷的黃色感覺較亮、鮮豔的藍色感覺較暗其原因在此，我們可以由圖3-7近一步觀察孟塞爾色票的色度測量資料點在CIE a*-b*平面觀察其色分布情形。

　　孟塞爾色彩體系表示顏色的方法為「H V / C」的記號或數字的組合，例如：說「5PB 6/4」的意義，記號5PB代表藍紫色（PB）的色相，其中數字5位在該色相中分割10等分的第5分。對於明度的分級是用實驗方法求得的，孟塞爾明度值V是依照視覺上的等距離從0到10分為11等分，所以數字6就表示明度值為6。最後數字4表示此顏色之彩度值C，依照鮮豔程度去分級。

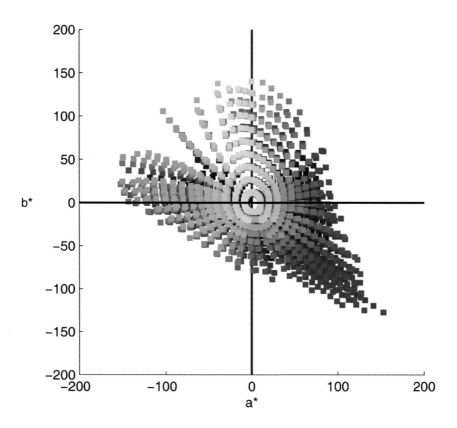

圖3-7　從CIE a*-b*平面觀察孟塞爾色票色分布

3.3 NCS色彩體系

　　NCS色彩體系譯作自然色彩體系（Natural Colour System，NCS），為瑞典斯堪地那維亞色彩機構（Scandinavian Colour Institute）於1968年所發表的色彩體系。它是基於赫林（Hering）的對立色學說中3組對立色（白一黑、紅一綠、黃一藍）之概念發展而成（參照**圖**3-8）。

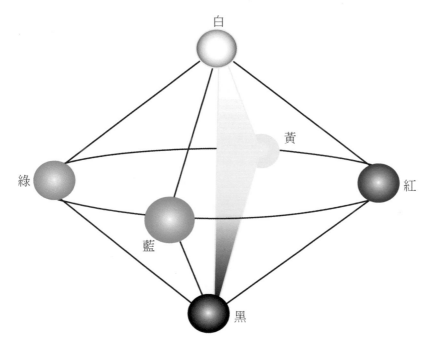

圖3-8　NCS色立體

　　如**圖**3-9所示，NCS色彩體系是以含黑度s（Blackness）、含色度C（Chromaticness）與色相Φ的組合來描述色彩；以兩組相鄰之心理色（YR，RB，BG，GY）所占比例之百分比（%）來標示色相，例如：90%紅R與10%黃Y的色相Φ之組合稱為Y90R（參照**圖**3-10）。含色度C為色樣本之色彩與同色相色彩之最大可能色度比例量。含

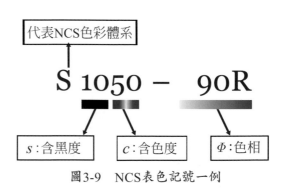

圖3-9　NCS表色記號一例

黑度s為色樣本之黑量對理想黑之比例量，含白度w（whiteness，w）則定義為色樣本白量對理想白之比例量（參照**圖**3-11）。

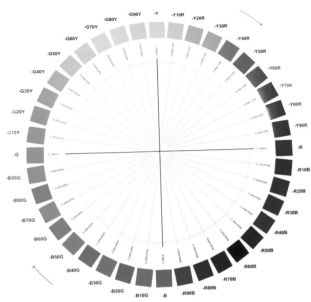

圖3-10　NCS色相環

含白度

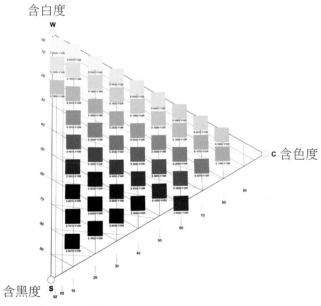

c 含色度

含黑度

圖3-11　等色相面上之含色度及含黑度分布

以下試舉一例來說明NCS體系的表色方法；例如：**圖3-9**之
「S1050-Y90R」所代表的意義如下：

從「S1050」的表示中，可得含黑度$s=10$，含色度$c=50$，含白度$w=100-s-c=40$。

又從「Y90R」的表示中，可得黃色比例量Y＝10，紅色比例量R＝90。因此，紅、黃、綠、藍在總色量的色度比例百分比量r，y，g，b分別為：

$$r=c*(R/100)=50(90/100)=45 \quad\text{（3-1）}$$
$$y=c*(Y/100)=50(10/100)=5 \quad\text{（3-2）}$$
$$g=c*(G/100)=50(0/100)=0 \quad\text{（3-3）}$$
$$b=c*(B/100)=50(0/100)=0 \quad\text{（3-4）}$$

如此，就可以清楚地描述色彩的定義。

3.4　PCCS色彩體系

PCCS（Practical Color Co-ordinate System）色彩體系是日本色彩研究所以色彩調合為目的所開發的色體系，PCCS的色彩表示最具特色的部分是統合了明度與彩度的色調（Tone）概念，進而以色

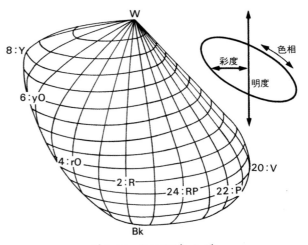

圖3-12　PCCS色立體

相與色調組合來描述色彩調和。此體系以色相、明度、彩度三屬性表示色彩如**圖3-12**，而將色調表示如**表3-1**的概念中，可清晰說明彩度和明度之關係，在相同的色相頁上也存在著明暗、強弱、深淺、濃淡等調子的變化，所以色彩調子的變化就稱為色調，它是PCCS體系的特徵之一（參照**圖3-13**）。

表3-1　PCCS色彩體系的色調

色調（Tone）		
縮寫	全名	中文
v	vivid	鮮艷的
b	brilliant	明亮的
dp	deep	深的
lt	light	淺的
sf	soft	柔的
d	dull	沌的
dk	dark	暗的
p	pale	淡的
ltg	light grayish	淺灰的
g	grayish	灰的
dkg	dark grayish	暗灰的

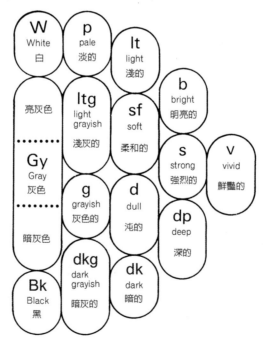

圖3-13　PCCS體系色調排列方式

在三稜鏡實驗中，白光透過稜鏡，分解成紅、橙、黃、綠、藍、紫等光譜色。紅色和紫色分布在光譜的兩端，在紅色和紫色的中間加入紅紫色後，以此概念衍伸形成了色相環。PCCS色相環如**圖3-14**所示，在日本色彩研究所的配色體系依照感覺等差分為12或24色相，而一般採用24色相。

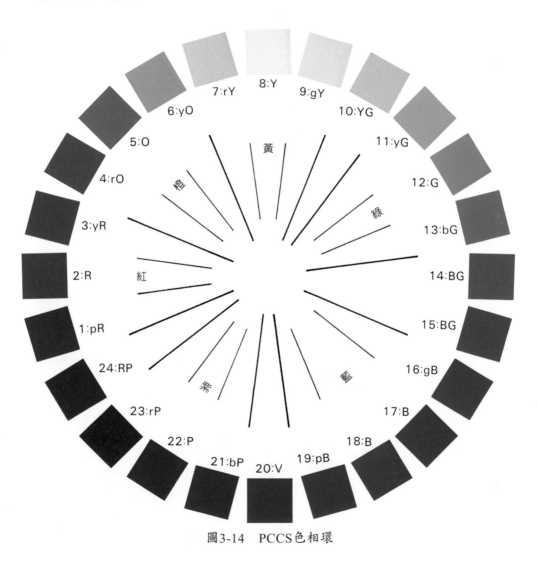

圖3-14　PCCS色相環

　　圖3-15表示以市販PCCS色票（110色）的色度測量值在CIExy色度圖的色分布，發現除了一部分高彩度PCCS色票顏色之外，sRGB螢幕大致涵蓋市販PCCS色票的顏色範圍，但仍須注意使用sRGB螢幕複製高彩度PCCS色票的局限性。

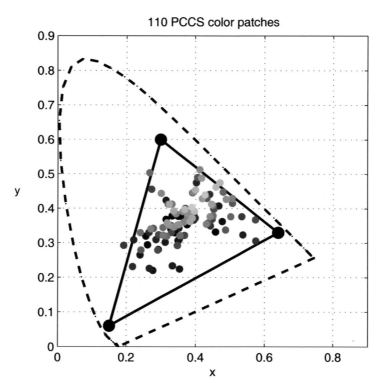

圖3-15　PCCS色票測量值（110色）v.s. sRGB色域

參考書目

1. Rolf G. Kuehni（2003）：Color space and its divisions, John Wiley & Sons.

2. NCS 網頁：http://www.ncscolor.com/webbizz/mainPage/main.asp

3. 林昆範（2005）：色彩原論，全華圖書。

第四章
成像媒體顯色原理

　　本章將討論色彩的混色原理以及其應用於各種影像裝置的設計原則，包含數位相機、噴墨式印表機與平面顯示器。

4.1 混色原理（Principle of Color Mixing）

　　色彩的混色一般有下列方式：⑴色光加色法、⑵色料減色法、⑶並置混合法、⑷交替混合法；分述如後：

1. 色光加色法（additive color mixing）

　　以紅、綠、藍三原色光為基本成分，此三色光各自獨立，亦即其中任何一種色光都不能由其餘兩種色光混合產生，因此稱為三原色（primary color）。三色光以不同比例的亮度混合，可以產生人眼能看到的大部分的顏色。若此三原色的光亮度相等，相加後得到灰色，三原色光亮度愈高，混色後愈趨近白色，反之，若三原色個別光亮度均為零，則為黑色。此原則應用於電視、電腦螢幕、投影機或LED顯示屏幕等的色彩顯示。

　　此三原色光的光譜，其頻寬愈窄，則混色所能呈現的色彩飽和度愈高，依此延伸，若此三原色光均各為單一頻譜的單色光，其混合光能呈現人眼所能看到的色域範圍（color gamut），此即為色彩匹配（color matching）實驗的結果。因此，以發光二極體或雷射光，所形成的影像顯示幕，理論上有較好的色彩飽和度。

2. 色料減色法

　　分為「透射式」與「反射式」兩種方式之減色混合。「透射式」如彩色濾光片，光線透過濾光片時，穿透特定光譜的顏色而濾掉其餘顏色。例如：紅色濾光片即將紅色光穿透，實際上此濾光片仍能透過一定比例其他顏色的光，視其濾光片的光譜穿透率設計而定。

　　「反射式」的減色混合即在一基底上塗上顏料，例如：白紙為基底，當塗上紅色的顏料時，其他顏色被顏料吸收，只有紅色穿透後入射至白紙，再反射穿透顏料而呈現紅色。此種反射式混色法，若使用紅、綠、藍為基本色，則任何二者相混，其入射光均被吸收無法呈現顏色，因此減色混合法的基本色亦即其三原色，係用補色系，即青（cyan），洋紅（magenta），黃（yellow）三色作為染料或油墨顏料。例如：青色係能穿透藍色與綠色，而吸收紅色，黃色穿透紅色與綠色，而吸收藍色，因此黃色與青色塗料混合，吸收紅、藍色，而呈現綠色。此三原色依不同比例的混合，可得不同顏色。色料混和量愈多，透光率愈低，則亮度低而顏色晦暗，色彩飽和度也因之愈低。三色同等比例混合則得到黑色。由於此黑色通常不夠純，因此在印刷上通常用四色，包含黑色。此種混色法，應用於繪圖、印刷、彩色攝影底片、紡織染色等。

　　此三基本色的穿透光譜，混色後要能涵蓋較廣的光譜，需要有相當的頻寬。同時頻寬愈窄，透光率愈低，顏色也愈暗。因此也需用較大的頻寬以獲得足夠的亮度。然而色彩的飽和度卻受到影響，使得色域範圍較色光加色法為小。因此在某些高品質的印刷，需用較多的基本色以增加其色域範圍來增強顏色的飽和度，因此有多色印刷和印表機的產生。

3.並置混合法

　　當色點小於人眼的解析度時，若有數個不同的顏色色點，其影像分布於人眼能夠分辨的最小範圍之內，則在視網膜上會混合成較大具有單一顏色的色斑，。依此原理，在印刷上可用半色調印刷（halftone printing）的方式，以色點密度和紙張白色底色混合呈現顏色的深淺。如為彩色印刷，亦可用此法，將諸色色點混合並置，

避免因顏料減色混色方式造成的顏色晦暗。CRT與LCD的彩色電視螢幕，亦應用此原理，螢幕上的像素點由紅、綠、藍三原色色點組成，小於人眼解析度的三原色以不同亮度在人眼中混成彩色。

4.交替混合法

當數種色塊快速交替，其速率若超過人眼能夠分辨的速率時，由於視覺暫留現象，不同的顏色會在腦中混合成單一顏色。例如：快速轉動RGB三色輪盤或牛頓七色轉盤，在視覺上會得到灰色。目前DLP（Digital Light Processing，數位光源處理技術）投影機、以三色LED為背光源的LCD影像顯示器及雷射光掃瞄投影機，均利用此人眼特性，以三原色光的影像依次成序列呈現，而在眼中重疊混合產生全彩影像。

4.2 數位相機的色彩特性

數位相機的構造，如圖4-1所示。景像及物體經過光學鏡頭後，形成影像投影在影像感測器上。影像感測器輸出類比訊號，經過類比／數位轉換元件（A/D converter）形成處理前的數位影像訊號，此訊號經由數位訊號處理器（DSP，Digital Signal Processor）做影像處理產生數位影像。因此數位相機的三個主要元件為：鏡頭、影像感測器及數位訊號處理器。此三者的功能特性皆會影響影像品質與色彩。其中對色彩有基本性及決定性影響的是影像感測器上的彩色濾光片陣列。

影像感測器的每一像素點分別覆以紅、綠、藍三原色的彩色濾光片，將彩色影像的顏色經由此濾光片分解成紅、綠、藍三個分量，因

此濾光片的光譜分布與彩色濾光片的陣列分布型態（pattern），攸關影像的色彩品質。

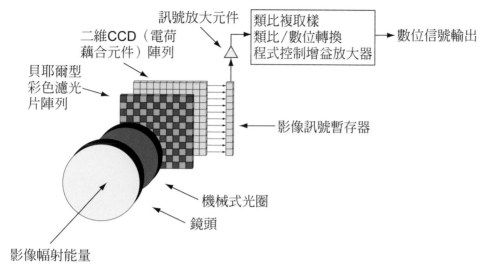

圖4-1　數位相機的構造

　　圖4-2顯示如何設計彩色濾光片的光譜穿透率分布。上列顯示彩色濾光片的設計為三個穿透光譜均勻分布的寬頻帶通（band pass）濾光片，分別涵蓋長波、中波與短波，相當於紅色、綠色與藍色波段。此設計遇到的問題是，當有兩個相同亮度的單色光時，例如：紅色與橙色，如圖所示，均能穿透紅色波段的濾光片且穿透率相同，投影在感測器紅色像素點上產出相同的亮度訊號，使得數位相機無法分辨其顏色差異。若濾光片的設計其穿透率光譜為窄頻以符合較佳的取樣（sampling）原理，則三個顏色光譜未能涵蓋可見光全波段，如中列三圖所示，則紅色單色光將穿透紅色濾光片，在感測器像素點上產生亮度訊號。然而橙色單色光，既無法穿透紅色濾光片也無法穿透綠色濾光片，而無亮度訊號輸出將被視為黑色。在此種光譜分布的結構上，許多顏色將無法穿透濾光片，而被視為黑色或無色。

　　理想的濾光片穿透光譜分布，應如最下列圖所示，三波段光譜各為非均勻分布，同時三波段互相重疊，可以X、Y、Z表示。因此，同樣亮度的紅色與橙色單色光，均通過X與Y濾光片，而在感測器X與Y兩種像素點上產生不同的亮度訊號，紅色X/Y的比例與橙色不同，因而可分辨出此兩種顏色之不同。此概念與人眼色彩匹配實驗的結果相似，事實上，影像感測器上的彩色濾光片設計即是取法人眼色彩視覺的特性。因此，理想的彩色濾光片設計，應趨近人眼對三刺激值的光譜反應。

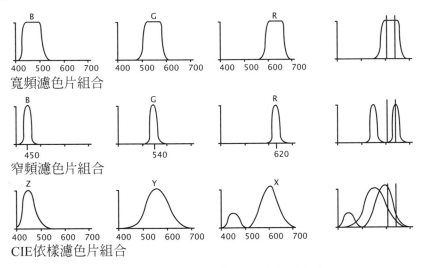

圖4-2　彩色濾光片的穿透率的光譜分布

　　早期視訊攝影機之彩色濾光片多用補色系，即青色、洋紅與黃色，以取代三原色系統紅、綠、藍。其原因為早期影像感測器的敏感度不足，若用原色系統，理論上每一顏色濾光片只透過三分之一的光通量，而補色系統能透過三分之二的光通量，可得到亮度較強的影像訊號。**圖**4-3為目前CCD彩色濾光片的光譜分布（參考SONY網站CCD規格書）。**圖**4-3左為原色系統，右為補色系統。要注意的是兩

系統的光譜均為非均勻且有重疊部分，以利於分辨顏色。而原色系統的光譜設計，試圖與人眼的刺激值光譜接近。

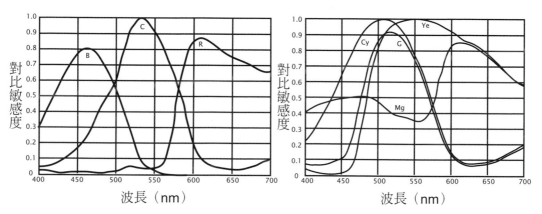

圖4-3　視訊攝影機彩色濾光片感度分布曲線（SONY網站CCD規格書）

使用補色系統有一嚴重缺點，即是其色彩的飽和度或鮮明程度不足，此可由**圖4-4**顯示，補色系統與人眼色域形狀差異大，對紅綠藍顏色的表現不足。近年影像感測器的敏感度有長足進步，故幾乎均採用三原色系統。

此外，由**圖4-4**亦可看出，紅－綠－藍彩色濾光片的光譜決定其在CIE色度圖上的位置，而此三點連線所涵蓋的面積決定其色彩色域的大小。面積愈寬廣，色域愈大，色彩表現則愈佳。因此，也有CCD影像顯示器的設計使用四色的彩色濾光片，理論上增加色域範圍能使顏色表現更好。

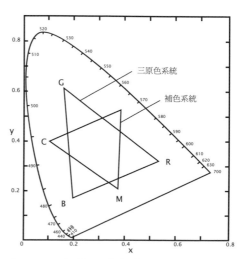

圖4-4　視訊攝影機彩色濾光片色度分布

　　圖4-4亦顯示若用顏色種類有限的彩色濾光片，將無法完全涵蓋人眼視覺色域，因此數位相機無法攝取與重現人眼所能看到的所有顏色，這是它的理論極限。

　　紅、綠、藍彩色濾光片在CIE色度圖上的位置，同時也決定取像色彩的正確性與品質。假設影像感測器的綠色濾光片，在色度座標的位置偏向藍色，其所攝取的影像藍色光通量較多，但相機的影像處理機制上，仍視此訊號為綠色，因此而產生影像顏色偏差。所以數位相機的色彩校正十分重要。

　　彩色濾光片陣列的色彩排列方式甚多，亦不斷地改進中。所用的基本色，除上述原色系統與補色系統外，亦有用其他顏色，例如：使用完全透光的白色以增加亮度，因而增加解析度。最普及的色彩排列方式稱為貝耶爾型態（Bayer Pattern）。此陣列由四個像素點組成一方陣，方陣的對角兩像素點覆蓋綠色濾光片，其餘兩像素點分別為紅色與藍色。此排列法的特點為紅、綠、藍三色在影像顯示器上均勻分布，以求得最佳的取樣（Sampling）效果。綠：紅：藍的比例為2：1：1。因為人眼對綠色的敏感度較高，解析度也以綠色為佳，故影像顯示器上綠色排列的密度較高以模擬人眼的視覺特性，使得相機拍到的影像與人眼所視相近。

　　影響數位相機影像色彩之因素列表如**表**4-1。除了上述影響最大之彩色濾光片陣列，其餘簡述**表**4-1於後：

表4-1　影響數位相機影像色彩之因素

影像感測器 （Sensor）	光學鏡頭 （Optics Lens）	數位訊號處理計算法 （DSP Algorithm）
1.彩色濾光片陣列 　（Color Filter Array） 2.光電量子效益 　（Quantum Efficiency） 3.取樣與變形 　（Sampling and Aliasing）	1.色彩像差 　（Chromatic Aberration）	1.內插法與偽色 　（Interpolation and False Color） 2.色調校正（Tone Correction） 3.自動白平衡（Auto White Balance） 4.色彩校正（Color Correction） 5.影像邊緣強化（Edge Enhancement） 6.影像壓縮（Image Compression）

1. 光電量子效益（Quantum Efficiency）

　　影像感測器的材料由矽構成，其感測波長範圍涵蓋可見光及近紅外光。感測元件光電量子效益的定義為：光子照射感測器所產生的電子數之比例，即電子數/光子數，此數值小於100%，它是波長的函數。對於CCD（Charge Coupled Device，電荷耦合元件）而言，由於感測元件表面有層多晶矽薄膜構成的電極閘，此材料會吸收短波長的藍色光，使得進入感測區的藍光減弱，因此感測元件對藍光的光電量子效益低，亦即對藍光的反應特性（responsivity）低，造成彩色影像的藍光訊號偏弱，需要在電路上或數位訊號處理上予以補償。此現象在CMOS的影像感測器上亦是如此。

　　此外，由於紅外光在人眼可見光範圍之外，此部分光譜必須濾掉以免紅外光穿透紅色濾光片被感測器吸收，造成紅色訊號過強與人眼所視顏色比例不同。紅外光譜的去除通常用紅外阻隔濾光片（IR cut filter），此濾光片的光譜特性設計亦將影響影像色彩。一般低階的彩色視訊相機，如PC用視訊攝影機或Web cam，由於成本考量不用此濾光片，對影像色彩影響很大。

2. 取樣與變形（Sampling and Aliasing）

　　影像感測元件是由同樣大小的像素點所構成，因此是離散式的取樣方式（discrete sampling），此種取樣方式受到影像變化的空間頻率（spatial frequency）所影響，其準則是：有效能被攝取的影像空間頻率F_i需小於或等於取樣頻率F_s的一半（$F_i \leq 1/2 F_s$），此即Nyquest Criterion。取樣頻率是像素點大小的倒數。如果影像中細節變化的頻率大於1/2的取樣頻率（$F_i > 1/2 F_s$），則會產生莫瑞圖形（Moiré pattern），即被攝物中的高頻細節會呈現變形的低頻影像，如黑白細條紋衣服會形成扭曲之粗條紋。此種現象造成影像失真。由於紅、綠、藍像素點的頻率不同，扭曲失真會產生彩色間歇的粗條紋，電視中的人物若穿著條紋衣服時，即會看到彩色粗條紋。看細格子衣著時，也會看到彩色粗格子。為解決此問題，通常用光學低通濾光鏡（optical low pass filter）間接將高頻空間頻率濾掉，其原理為利用一種雙折射（Birefringence）晶體，將入射之光點（point）擴散成一光斑（spot），光斑的大小與像素點相同，因此連續光點的距離若小於光斑的大小（意即高頻之空間頻率），則會形成連續光斑，連成一線，而無法分辨光點，達到將高頻影像濾掉的目的。然而此方法亦有其限度，因它以空間取樣率為基礎，而紅、綠、藍像素點的密度不同，無法兼顧。一般以綠色像素點的空間頻率為設計的參數。光斑大小的設計可由雙折射晶體的厚度控制。光學低通濾光鏡亦有用其它方法設計，如利用光學干涉原理等。

3. 色彩像差（Chromatic Aberration）

　　色彩像差來自光學鏡頭。光學玻璃對光的折射率是波長的函數，短波長折射率高，如藍光，長波長折射率低，如紅光，此即三

菱鏡分光的原理，稱為色散（dispersion）。不同波長的光線穿過鏡頭，其焦點位置由個別折射率而定，沿著光軸的光線即產生影像中央部分，紅、綠、藍色光的聚焦焦點，在光軸不同位置，因此在一固定位置的影像成像面，各色光聚焦程度不同，呈現的顏色解析度隨之不同，這是縱向色彩像差（longitudinal chromatic aberration）。如果在圖像的非中央部分，入射鏡頭的光線與光軸有一相對角度，則紅、綠、藍色光受到折射率不同的影響，聚焦焦點在成像面位置會偏移，因此圖像中若有一道黑白邊緣，在影像成像面上，會形成彩虹般的色散。由於此偏移極小，人眼實際上看到的是白色的邊界鑲有偏紅或偏藍的外緣。這是橫向色彩像差（transverse chromatic aberration）的現象。以上兩種情形，在一般鏡頭的設計已做適當的修正，然而低階的鏡頭仍難以完全避免此現象。

　　數位相機鏡頭、光學低通濾光鏡、紅外阻絕濾光片與影像感測元件的組成結構，如**圖4-5**所示：

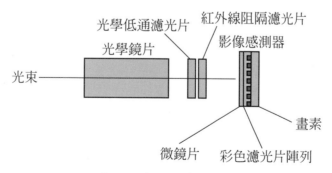

圖4-5　數位相機組成結構

　　數位相機的影像感測器之後側是數位訊號處理器，其功能方塊圖（function block diagram），如**圖4-6**所示。在數位訊號處理中所產生的影像與色彩誤差，說明如下：

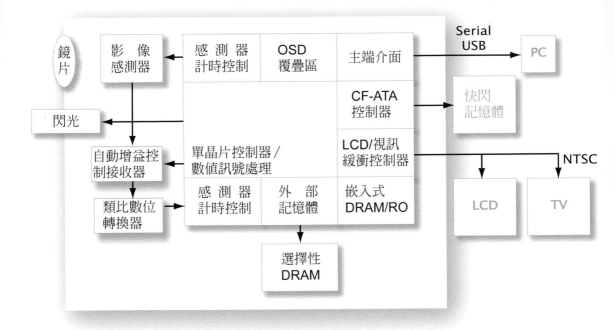

圖4-6　數位相機系統組成

（AGC: automatic gain control; ADC: analog to digital converter.）

4. 內插法與偽色（interpolation and false color）

　　如前所述，彩色濾光片陣列的設計，使得每一像素點的原始數值只代表其覆蓋的濾光片之顏色，為求得此像素點之其他二色，通常用周圍其他顏色的數個像素點的數值，以內插法來計算。若採用簡易的線性函數內插法，當影像為一黑白邊緣時，則會產生彩色之偽色（artifact）。因此內插法的演算方式趨向複雜，以降低或消除此一現象。然而複雜的計算會增加計算負荷，而須增加數位訊號處理器的計算功能規格。

5. 色調校正（tone correction）

　　影像感測器的輸出訊號，對輸出的紅、綠、藍三色的色調變化，不盡然完全符合，例如：拍攝灰階依序變化的色塊圖，理論上

每一灰階色塊的紅、綠、藍三色輸出訊號數值應相等，以符合灰色的定義，如果此三數值在某些灰階不同，表示此三色的色調變化不吻合，而將呈現顏色偏差。色調校正即為校正此偏差。

6. 自動白平衡（auto white balance）

在數位相機拍攝時，環境光源色溫會影響影像色彩的顏色。色溫低的光源顏色偏黃紅，色溫高的則偏青藍。自動白平衡的設計即為運用演算法將光源的色溫做一估算，再增強藍色或紅色的數值，以平衡顏色的偏差。此一演算法通常有特定的假設，或估算與判斷原則，因此在假設條件之外或判斷有誤時，顏色即有誤差。

7. 色彩修正（color correction）

數位相機的色彩基礎主要來自彩色濾光片的光譜分布與影像感測器的光電量子效益。此二者的物理限度限制了其與人眼所見色彩的符合程度。色彩修正係用軟體計算法對色彩加以修正，儘量減少誤差。通常用一組標準色票，將其紅、綠、藍數值與數位相機拍攝的數值比對，用回歸法求取最小之平均誤差。硬體的物理限度與軟體的檢測與校正決定誤差的大小，亦即顏色的誤差。

8. 影像邊緣強化（edge enhancement）及影像壓縮（compression）等

數位訊號處理器除了以上的演算法（algorithm）外，也會作其他的影像處理。例如：影像邊緣強化（加強影像視覺上的敏銳度，sharpness）或影像壓縮等。通常將紅、綠、藍三色分別計算或轉換為其他色度座標之三分量，如影像壓縮之YUV方式，加以計算。在計算過程中，若此三分量之誤差若不一致，即會產生顏色的偏差，因此在發展數位訊號處理演算法時，需特加注意對於顏色的影響。

4.3 噴墨式印表機

目前一般辦公室與家庭用之印表機，較為普及的是雷射印表機與噴墨式印表機。此處以噴墨式印表機解釋其顯色原理。

噴墨式印表機的構造與工作原理如圖4-7所示：

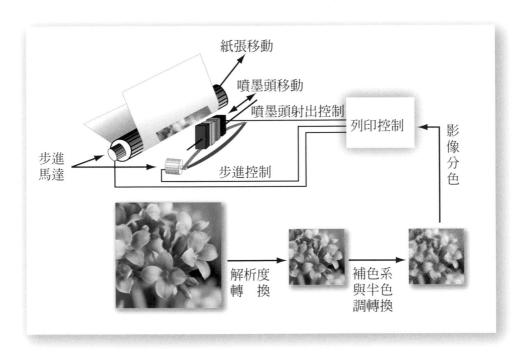

圖4-7　噴墨式印表機的工作原理

印表機的混色原理是用減法混色，因此顏料為補色系。圖中的影像檔案在電腦中將解析度轉換為印表機的解析度，然後將彩色影像的色彩（通常在電腦中的影像檔是紅、綠、藍三色或其他色度空間座標），轉換為青色、洋紅色、黃色與黑色的補色系統之色度空間座標，然後再將各基本色分別轉換成半色調的列印方式，經由噴墨頭的四色墨水噴印出來。

　　半色調的方法是在印刷或顯示時，利用色點（例如：黑點）在單位面積內利用密度的差異，而呈現多重灰階的層次效果。因此印刷或裝置只要輸出二階的數據，如0與1，代表有或無色點即可。在一般照明情況下，正常人眼的解析度是1分弧（arc minute，60分弧為1度），如果此單位面積小於人眼解析度，則人眼無法分辨其中的個別色點，而是將此單位面積內的色點群（cluster）分布做整體之亮度積分，所看到的即為其平均亮度。人眼的這種特性稱為空間積分（spatial integration）。

　　這種半色調的方法使得影像輸出裝置變得單純，只要控制色點的有無及多寡，即可控制該顏色的灰階。然而其代價即是犧牲了空間解析度和色調解析度（tone resolution），亦即該色的灰階數目。因為此法是利用一組色點代表一像素點以獲得灰階之層次。彩色影像即由不同顏色、不同數量之色點群混合所構成。

　　半色調的建構設計有下列之原則：

1. 如果同一形式（pattern）或灰階之像素點重複出現時，不可呈現線條狀；因此色點不可排為縱的一行或橫的一列。

2. 若一單位像素點由n×n陣列所構成，則灰階增加時，色點數由中心向外增加。

3. 在一像素點中，色點排列為一n×n之矩陣，色點間必須彼此相鄰。

圖4-8為一半色調像素點矩陣之範例：

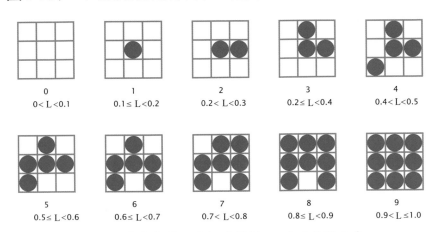

圖4-8　半色調像素點矩陣範例，L表示灰階亮度

　　由於噴墨式印表機的色彩係以青、洋紅色、黃色為基本色混色而成，因此其色域範圍，如前面**圖4-4**所示，近似一倒三角形，與CIE1931人眼的色度範圍差距頗大，因此能呈現的顏色受到限制。為了增加色域範圍，有些高階印表機採用四色、五色，乃至六色基本色混色而成。此外，一般影像輸入裝置，如數位相機，光學掃描器等，其影像感測器上的彩色濾光片陣列，多為紅、綠、藍三原色，因此形成的色域範圍與噴墨式印表機的色域比較，不重疊的部分甚多，無論對色域對映（color mapping）或色彩校正，都有很大的限制，造成較大的色彩誤差。不似影像顯示器的色彩，以紅、綠、藍三原色混色而成，與輸入的影像有較匹配的色域影像，其色彩誤差較小。

4.4　影像顯示器

　　常見的影像顯示器有陰極射線管（CRT）及液晶顯示器（LCD），此處分別討論兩者的色彩特性。

1. 陰極射線管顯示器的色彩特性

　　陰極射線管在電視及顯示器上的應用，已有數十年的歷史。陰極射線管的結構如**圖4-9**，其色彩由其彩色螢光粉的色彩特性決定。此處擬討論在彩色影像應用的兩項議題：珈瑪校正（gamma correction）與色度空間座標。

⑴珈瑪校正

　　CRT顯示的亮度I與其所加之電壓V_s之關係為非線性，其關係函數如下：

$$I \sim V_s^{\gamma} \text{...} （4\text{-}1）$$

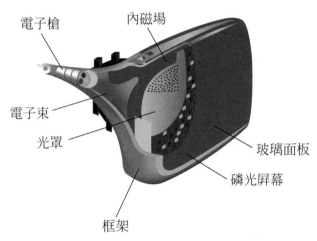

圖4-9　陰極射線管構造

　　此處γ是希臘字，特指此轉換函數之參數。一般所稱之gamma值或gamma修正，即專指此數值而言。對CRT而言，γ大約為2.2～2.5。此數值對不同CRT規格或電訊標準而有些微差異。彩色CRT顯示器紅、綠、藍三色分別有其γ值，不過在一般簡化的系統設計中，採用單一γ數值應用於此三色。輸入的訊號必須做此特性的補償修正，方能得到正確的線性亮度反應，不至於扭曲影像的色調。

Gamma校正之方法為將電壓訊號做一相反之轉換，使得輸出亮度與訊號呈線性反應。其概念可由**圖**4-10表示：

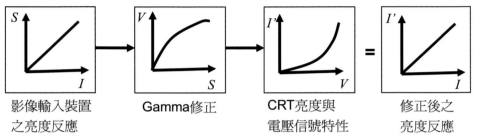

圖4-10　Gamma修正概念

圖中之符號代表：

I：輸入之影像之亮度。

S：輸入裝置（例如：攝影機）之訊號強度，通常為線性反應函數或在裝置中修正為線性反應。

V：經過gamma修正之電壓訊號，輸出至CRT電視。

I'：CRT接收電壓訊號後，呈現之亮度反應函數。

gamma校正之轉換函數為將CRT之特性曲線做反轉向。在反向的函數，會遇到斜率為無限大的部分，故此轉換公式中靠近原點的地方，有一段是線性函數，使得此轉換函數為連續。在CCIR Rec.709標準規範中，此轉換函數為：

$$E'_{709} = \begin{cases} 4.5L, & L \leq 0.018 \\ 1.099L^{0.45} - 0.099, & 0.018 < L \end{cases}$$ .... （4-2）

此函數之圖示如**圖**4-11：

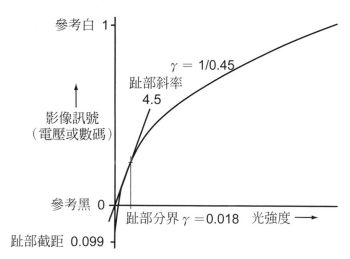

圖4-11　Gamma修正函數（CCIR Rec.709標準，Pratt）

　　經由此修正之後，CRT螢幕呈現之亮度反應與輸入影像亮度成線性反應函數。在視訊系統的取像（如視訊攝影機）與顯像（如CRT顯示器）裝置中，gamma修正多設計在取像輸入裝置。在類比訊號的系統中此修正多由類比電路執行，在數位系統中此修正由韌體程式處理或用對照表（LUT, look up table）直接代換數值。

　　依據Weber定律（△I/I＝常數，I是影像亮度，△I是恰可分辨之亮度差值，即JND），人眼在低亮度時，能分辨的亮度層次細節較多，反之在高亮度時，能分辨的層次較少，此功能恰與gamma修正類似。數位相機的設計是要模擬人眼的特性縱使不考慮CRT的gamma修正，也會在訊號輸出前將低亮度訊號伸展，而將高亮度訊號壓縮以保留更多的亮度資訊，此一訊號處理方式相當於gamma修正，而γ值之設定，在人眼γ值（約0.33）有別於CRT之0.45。一般取像裝置包含類比與數位，γ值設定在0.33與0.45之間。

　　對於電腦動畫的影像，由於沒有輸入影像裝置作gamma修正，為了補償螢幕的非線性特性，在顯示器中設定γ修正值。顯示器的

亮度變化在人眼視覺系統中，會受到使用時的環境光源而影響。因此不同應用的顯示器，例如：遊戲機，文書處理用途的電視，其 γ 值設定不同。

⑵色度空間座標

電視的色度空間轉換標準如下：以NTSC標準傳送視訊時，先將RGB轉成亮度與色度訊號（如YIQ）。其目的為：

①黑白電視接收彩色視訊時，能夠即時讀取亮度訊號，直接顯示黑白影像。

②將人眼較敏感的亮度訊號（如Y）以較大的頻寬傳送，視覺上較不敏感的彩度訊號（如I與Q）則使用較大的壓縮率以較小的頻寬傳送。如此可減少無線傳輸的頻寬，而對視覺上的影像品質影響有限。

類似的標準有歐洲PAL/SECAM系統的YUV色度座標系統，與ITU國際通信組織的YCrCb色度座標系統等。

NTSC電視的標準於1953年制訂，定義為CCIR Rec 601，其彩色螢光粉與參考白色在CIE1931的色度圖上，座標如**表4-2**所示：

表4-2　NTSC標準

	R′	G'	B′	白
x	0.670	0.210	0.140	0.313
y	0.330	0.710	0.080	0.329
z	0.0	0.080	0.780	0.358

而亮度Y′的轉換由下述公式公式求出：此公式為非線性，因R'G'B'均為非線性函數。

$$Y'\_601=0.299R'+0.587G'+0.114B'................................（4-3）$$

另一標準為ITU-R709（正式為CCIR Rec.709），此一標準之三原色定義座標，較為接近視訊的系統及電腦繪圖之應用。Y_709為一線性函數。

$$Y\_709=0.2125R+0.7154G+0.0721B............................（4-4）$$

同樣的，其紅、綠、藍彩色螢光體與參考白色在CIE1931的色度圖上，座標如**表4-3**所示：

表4-3　ITU-R709標準

	紅R	綠G	藍B	白W
x	0.640	0.300	0.150	0.3127
y	0.330	0.600	0.060	0.3290
z	0.030	0.100	0.790	0.3528

電視NTSC標準所使用的YIQ，其座標軸在CIE 1931 xy色度圖的位置如**圖4-12**所示：

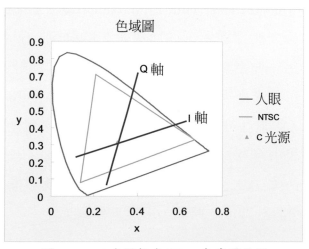

圖4-12　IQ座標軸在CIExy色度圖位置

PAL/SECAM系統的Y'UV定義公式如下：

$$Y' = 0.299R + 0.586G + 0.114B = Luma$$
$$U = 0.493(B - Y')$$
$$V = 0.877(R - Y') \quad\text{...}\quad (4\text{-}5)$$

而NTSC的Y'IQ與Y'UV，RGB的座標轉換公示為：

$$\begin{bmatrix} Y' \\ I \\ Q \end{bmatrix} = \begin{bmatrix} 1 & 0 & 0 \\ 0 & \cos 33° & -\sin 33° \\ 0 & -\sin 33° & \cos 33° \end{bmatrix} \begin{bmatrix} Y' \\ U \\ V \end{bmatrix}$$

$$= \begin{bmatrix} 0.299 & 0.586 & 0.114 \\ 0.596 & -0.275 & -0.322 \\ 0.211 & -0.523 & 0.312 \end{bmatrix} \begin{bmatrix} R \\ G \\ B \end{bmatrix} \quad\text{...............................}\quad (4\text{-}6)$$

2. LCD影像顯示器

　　液晶顯示器之結構如**圖4-13**所示，簡述如下：背光源穿過偏光膜片、液晶層等結構後，再通過彩色濾光陣列而產生彩色影像。液晶層由薄膜電晶體（TFT, Thin Film Transistor）控制其旋轉角度，用以控制偏極光的穿透率，從而決定光的強度。彩色濾光陣列組成像素點，每一像素點包含三片濾光片，分別為紅、綠、藍三原色，由於此三片濾光片的大小小於人眼解析度（如前所述，為1分弧），所以人眼無法分辨單一濾光片，而將三片濾光片所組成的像素點，在視覺中視為一整體而形成混色。1分弧在一公尺的觀看距離為0.29mm，如為二公尺，則為0.58mm，依此類推，影像顯示器的像素點大小設計即依此原則，與觀看距離而定。

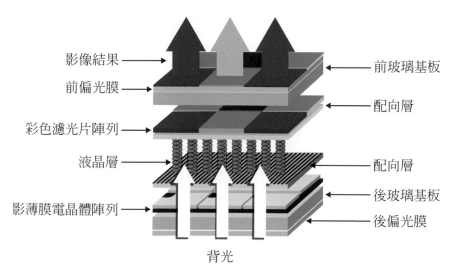

影像結果 ——→
前偏光膜 ——→
彩色濾光片陣列 ——→
液晶層 ——→
影薄膜電晶體陣列 ——→

←—— 前玻璃基板
←—— 配向層
←—— 配向層
←—— 後玻璃基板
←—— 後偏光膜

背光

圖4-13　液晶顯示器結構

　　彩色濾光陣列排列方式有許多種，**圖4-14**為常見的例子：圖左為RGB型，即三色平行排列，圖中為GRGB型，即每四個濾光片中，綠色有兩片，紅色、藍色各一，這是因為人眼對於綠色亮度反應較為敏感，綠色比例高，視覺亮度也高，同時綠色密度高，視覺解析度也隨之提升。圖右是RGB Delta型，每列之紅、綠、藍濾光片錯開Delta距離，使得三色分布均勻，在視覺中有更好的混合（此為色彩混合的並置混合法）。

RGB　　　　　　　GRGB　　　　　　RGB Delta

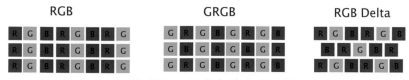

圖4-14　液晶顯示器彩色濾光陣列排列方式

　　在LCD結構中，影響色彩最重要的因素是背光源與彩色濾光陣列的光譜分布，可從**圖4-15**的光路徑看出。LCD的背光源通常為冷陰極管，它的光譜分布既非理想的黑體輻射，也非窄頻的紅、綠、藍單色光，而是複雜的光譜造成其顏色的色域受到限制。彩色濾光

陣列產生人眼對紅、綠、藍三色光的刺激值，有部分光譜重疊。此
濾光片的光譜會影響色彩的正確程度。

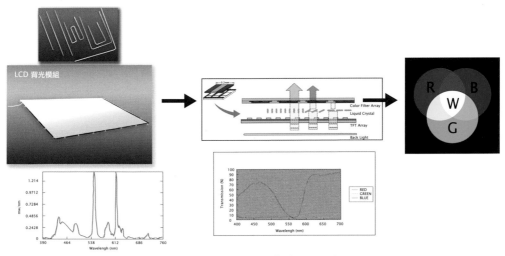

圖4-15　液晶顯示器色彩再現原理

　　除此之外，其他的構成元件也會影響色彩，例如：液晶、偏光
片等均有其各自的穿透率光譜分布，只是其影響較為次要。

　　液晶顯示器的色域範圍，在CIE1931色度圖上通常較電視的
NTSC標準色域範圍要小，其面積百分比稱為：「顯示器色域係
數」（color gamut %）。主要的影響要素在於LCD與CRT紅綠藍三
原色光源的光譜不同所致。例如：如圖4-16所示，CRT三色的光譜
較為狹窄，故混色呈現的色彩較為飽和，色域較廣。反之，LCD三
色涵蓋的光譜較寬，較不飽和，色域較窄。

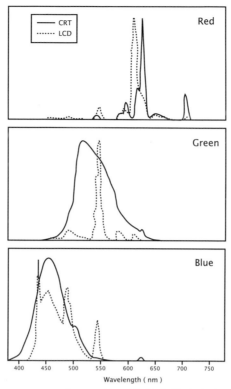

圖4-16　CRT與LCD的三原色光譜分布之一例

　　NTSC的標準，在CIExy色度座標圖上，R＝(0.67, 0.33)、G
＝(0.21, 0.71)、B＝(0.14, 0.08)，NTSC的標準色域，其面積為：
0.1582。顯示器色域係數的計算方法為：將顯示器的RGB三原色的
色度座標測出，如(a_1, b_1)，(a_2, b_2)，(a_3, b_3)，再用下列公式算出此
三角形之面積，然後算出色域係數。

$$S=1/2[(a_1 \times b_2+a_2 \times b_3+a_3 \times b_1)-(b_1 \times a_2+b_2 \times a_3+b_3 \times a_1)]，$$
$$S (\%)=0.1582 \times 100\% \qquad\qquad ……………… （4-7）$$

　　一般而言，傳統上液晶顯示器的色域係數小於100%，增加此
係數是產品設計的目標。此係數大小影響顯示器的色彩飽和度。

　　液晶顯示器除了色域較小外，另有所謂的「藍偏移」（blue shift）現象。如圖4-17所示，紅、綠、藍三色由輸入的最大數值255逐次降低，每次減少8時的色域變化，一方面在低亮度時色域範圍變小，另一方面顯示的參考白色或灰色（即紅、綠、藍同時輸出相等數值時）向藍色方向偏移，其原因為顯示器內像素點之間的交互干擾（cross talk）造成。

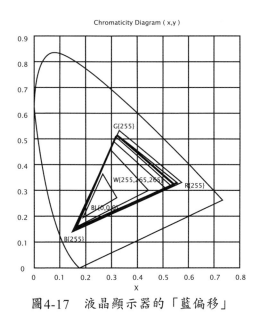

圖4-17　液晶顯示器的「藍偏移」

　　一般而言，LCD顯示器的顯示亮度與訊號電壓之關係相當非線性，無法以單一的 γ 值作修正。然而LCD顯示器有時會修正至使其顯示的函數為 γ 函數，且使 γ 值為 $\gamma = 2.5$，如此可接收電視訊號，與CRT相容。CRT與LCD的電壓——亮度顯示關係之一例，如圖4-18所示：

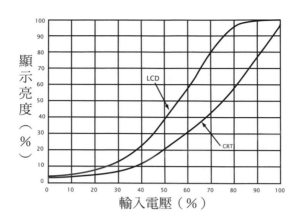

圖4-18 CRT與LCD的電壓-亮度顯示關係

　　以上所述為三種主要且常用的影像裝置：數位相機、印表機與影像顯示器，設計時不僅要求技術突破以提升其規格，例如：解析度、亮度等，更重要的是要符合人眼的視覺特性以強化影像的視覺效果。畢竟，這些裝置產生的影像要經過人眼再輸入的。

參考書目

1. .Pratt, W. K.: *Digital Image Processing,* Chapter 2, Psychophysical Vision Properties, 3rd ed. John Wiley & Sons,. 2001.

2. Wandell B. A. and L. D. Silverstein: Chapter 8: Digital Color Reproduction, *The Science of Color,* Elsevier, 2003.

3. Huck, F. O., and C. L. Fales: Characterization of Image Systems, *Encyclopedia of Imaging Science and Technology,* John Wiley & Sons, 2002.

4. Roorda, A., Human Visual System—Image Formation, *Encyclopedia of Imaging Science and Technology,* John Wiley & Sons, 2002.

顯示色彩工程學

第五章
色度學原理

5.1 前言

　　色度學（Colorimetry）為探討將色彩定量化描述的領域，為色彩科學（Color Science）與彩色複製學（Color Reproduction）的基礎，本章將針對國際照明委員會（CIE）制定一連串的RGB色度系統、XYZ色度系統配色函數、三刺激值、色度座標、色溫、均等色度圖、均等色彩空間與色差公式進行介紹。

5.1 色度形成原理

　　圖5-1表示色覺形成的示意圖。例如：一種具有像子圖(a)光譜反射率的物體，經具有像子圖(b)光譜能量分布的光源照射後，產生的黃色色光（光譜分布）進入人眼產生像子圖(c)之色刺激（三刺激值），最後傳遞至大腦特定部位產生了色屬性（色相、明度、彩度）。

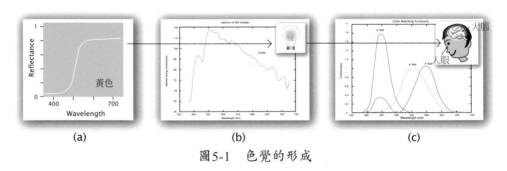

| (a) | (b) | (c) |

圖5-1　色覺的形成

　　國際照明委員會CIE在1931年公布制定了描述人眼感色特性的CIE配色函數（color matching functions），色度學的理論與應用正式揭幕。

圖5-2表示CIE制定配色函數$\bar{r}(\lambda)$, $\bar{g}(\lambda)$, $\bar{b}(\lambda)$之用的配色實驗示意圖。圓盤左右兩側分別以不同光源投射，左側（A區）為380～780nm範圍內單色光產生之目標刺激$[F]_{mono}$，右側（B區）為由$[R]$, $[G]$, $[B]$三原色光混色所得的混合刺激$[F]_{mix}$。對某一單色光產生的目標刺激$[F]_{mono}$而言，調節$[R]$, $[G]$, $[B]$三原色光的比例至R, G, B單位所產生的混合刺激$[F]_{mix}$，能夠與1單位單色光產生的目標刺激$[F]_{mono}$發生等色時，輸出此時的R, G, B比例值，如此進行色彩匹配（Color Matching）（參照圖5-3）。反覆進行380～780nm範圍內所有單色光的配色實驗後，就可以描繪出表示人眼觀察可見波長範圍內所有單色光色彩特性的配色函數。

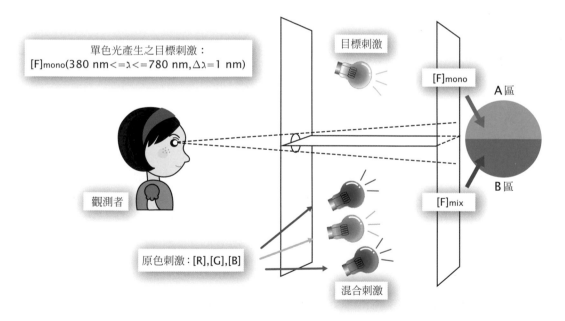

圖5-2　配色實驗的設計

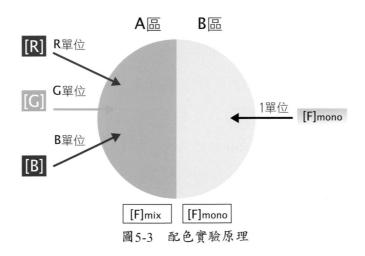

圖5-3　配色實驗原理

5.3 RGB色度系統

　　一旦確定了表示人眼觀察色彩特性的配色函數，就能決定任意色刺激的三刺激值，在這樣的混色系統是非常方便的。但配色函數隨著基礎刺激、原色刺激等的不同而變化，因此，在相互比較測色的結果時，必須進行標準化。為此，CIE於1931年根據如下基準確定了標準配色函數。

1. 原色刺激[R]、[G]、[B]定義為$\lambda_R = 700.0$ nm, $\lambda_G = 546.1$ nm, $\lambda_B = 435.8$ nm的單色光。

2. 基礎刺激定義為等能量光譜的白色刺激。這時原色刺激[R], [G], [B]的亮度係數（luminous units）用光度量（亮度）單位表示時為1.0000：4.5907：0.0601，用輻射量單位表示為72.0966：1.3791：1.0000。

　　也就是說，在該表色系統中分別以光強度單位1.0000 lm, 4.5907 lm, 0.0601 lm的原色刺激[R], [G], [B]進行加色法混色時，會得到

1.0000＋4.5907＋0.0601＝5.6508 lm的等能量白光產生等色。將亮度係數分別除以各自的光視效能（luminous efficacy）後，就可得輻射量比值為243.783：4.66333：3.38134＝72.0966：1.3791：1.0000。

　　CIE採用了Guild提供的7人觀測者數據（Guild, 1931）和Wright提供10人觀測者數據（Wright, 1928～1929）的平均值作為制定配色函數的依據。這樣得到的配色函數值可以視為是正常色覺者的平均值。**圖5-4**為CIE確定的配色函數$\bar{r}(\lambda)$, $\bar{g}(\lambda)$, $\bar{b}(\lambda)$。

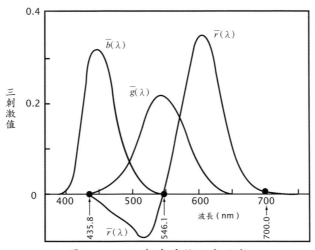

圖5-4　RGB色度系統配色函數

　　如前所述，配色函數是與某單色光相等時所需要的原刺激[R], [G], [B]的混合量。但由**圖5-4**可知，配色函數出現的負值部分就表示具有負的混合量而難於理解。實際上是出現這樣的情況，即對某一單色光刺激[F$_\lambda$]使用色光[R]、[G]、[B]進行配色時，由於該單色光非常鮮豔，用三個原色刺激不論怎樣混合都不能產生等色。為此，在實際配色實驗時，例如：在[F$_\lambda$]中加入[R]使其鮮豔度下降，這時用[G], [B]混合就能與之等色。這時的配色方程式為：

$$[F_\lambda]+R[R]=G[G]+B[B] \quad \dotsfill \quad （5\text{-}1）$$

將上式變形後可以寫成：

$$[F_\lambda]=-R[R]+G[G]+B[B] \quad \dotsfill \quad （5\text{-}2）$$

上式右邊第一項−R是負值，這就是配色函數出現負值的原因。

在配色方程式中，如將[R]、[G]、[B]看成是單位向量，就成為三維空間的向量運算。使用幾何學表示色彩的三度空間稱為色彩空間（Color Space）。因此，如**圖5-5**所示，某色[F]可用[R]、[G]、[B]的混合量R, G, B為分量作成的*RGB*色彩空間的向量來表示。

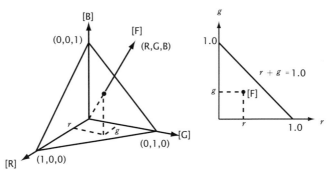

圖5-5　色[F]的三度空間表示和色度圖

以三維座標來標示色[F]的方式並不方便，因此，常用向量[F]和單位平面*R*+*G*+*B*=1的交點（*r, g, b*）來表示。*r, g, b*由下式求出。

$$r=R/(R+G+B)$$
$$g=G/(R+G+B) \quad \dotsfill \quad （5\text{-}3）$$
$$b=B/(R+G+B)$$

因為*r*+*g*+*b*=1，所以，採用（*r, g, b*）中的其中兩項就足夠了，例如：（*r, g*）。

5.4 XYZ色度系統的變換

在RGB色度系統中配色函數存在有負值，負值的存在會造成許多困擾。對不同原色刺激定義的配色函數可用簡單的線性轉換求出，因此，CIE於1931年在制定RGB色度系統的同時，為了使配色函數均為正值，又確定了新的原色刺激[X]、[Y]、[Z]，得到XYZ色度系統。XYZ色度系統稱為CIE 1931標準色度系統（CIE 1931 Standard Colorimetric System），因是基於2°視角的配色實驗，所以也稱為2度視角XYZ色度系統。我們將具有這樣配色函數的假想觀測者稱為CIE 1931標準色度觀察者（Standard Colorimetric Observer）。

XYZ色度系統的另一項特徵是$\bar{y}(\lambda)$與光譜視感效率$V(\lambda)$相等。因此三刺激值Y表示光度量，在應用上很方便。另外規定在rg色度圖上連接原色刺激[X]和[Y]的直線，在$\lambda \geq 650nm$的長波長端與光譜軌跡相接。這樣的話，可使三刺激值Z的計算量減少。

由三刺激值R、G、B變換成三刺激值X、Y、Z的公式為

$$\begin{pmatrix} X \\ Y \\ Z \end{pmatrix} = \begin{pmatrix} 2.768\,9 & 1.751\,7 & 1.130\,2 \\ 1.000\,0 & 4.590\,7 & 0.060\,1 \\ 0.000\,0 & 0.056\,5 & 5.594\,3 \end{pmatrix} \begin{pmatrix} R \\ G \\ B \end{pmatrix} \quad\cdots\cdots\cdots\cdots\cdots (5\text{-}4)$$

反之，由三刺激值X, Y, Z變換成R, G, B的公式為

$$\begin{pmatrix} R \\ G \\ B \end{pmatrix} = \begin{pmatrix} 2.768\,9 & 1.751\,7 & 1.130\,2 \\ 1.000\,0 & 4.590\,7 & 0.060\,1 \\ 0.000\,0 & 0.056\,5 & 5.594\,3 \end{pmatrix}^{-1} \begin{pmatrix} X \\ Y \\ Z \end{pmatrix}$$

$$= \begin{pmatrix} 0.418\,44 & -0.158\,66 & -0.082\,83 \\ -0.091\,17 & 0.252\,42 & 0.015\,70 \\ 0.000\,92 & -0.002\,55 & 0.178\,58 \end{pmatrix} \begin{pmatrix} X \\ Y \\ Z \end{pmatrix} \quad\cdots\cdots\cdots (5\text{-}5)$$

　　1931年制定的XYZ色度系統是以2°視角的配色實驗為基礎發展的，然而也期待能適用於任意大小的視角。後來有人指出用XYZ色度系統對等色的試樣對進行評價時，發現在實際觀察時仍有顏色差異產生。

　　為此，Stiles、Burch、Speranskaya進行了將觀察視角擴展到10°視角的配色實驗。在這些實驗中忽略Maxwell點或使用圓板將其遮擋。1964年CIE以Judd為中心，利用Stiles等提供的49人和Speranskaya的18人（後增加到27人）的實驗結果，以人數比3：1進行加權平均提出了適用於4°以上觀察視角的CIE1964表色系統（CIE 1964 Supplementary Colorimetric Standard System）。CIE 1964表色系統是以10°視角的配色實驗為基礎的，因此也稱為$X_{10}Y_{10}Z_{10}$色度系統或10°視角XYZ色度系統。CIE 1931表色系統和CIE 1964表色系統分別適用於對觀察者人眼的張角為1～4°和4°以上視角兩種情況。

　　雖然$X_{10}Y_{10}Z_{10}$色度系統中的配色函數之確定方法與XYZ色度系統的確定方法稍有不同，CIE考慮到實用上的便利性，使兩者盡量相似，而規定了新的原刺激$[X_{10}]$、$[Y_{10}]$、$[Z_{10}]$。圖5-6表示$X_{10}Y_{10}Z_{10}$色度系統的配色函數$\bar{x}_{10}(\lambda), \bar{y}_{10}(\lambda), \bar{z}_{10}(\lambda)$，並與XYZ色度系統的配色

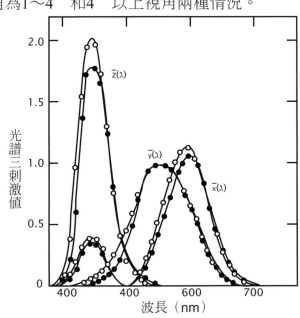

圖5-6　XYZ色度系統（●）和$X_{10}Y_{10}Z_{10}$色度系統（○）配色函數

函數作比較。具有CIE 1964表色系統之配色函數的假想觀察者稱為 CIE 1964輔助標準色度觀察者（Supplementary Standard Colorimetric Observer）。

5.5　三刺激值和色度座標

求出三刺激值R, G, B之後，色刺激$\varphi(\lambda)$的三刺激值X, Y, Z可由**公式5-4**進行變換求出，但一般是由配色函數$\bar{x}(\lambda), \bar{y}(\lambda), \bar{z}(\lambda)$，多是利用以下公式求出。

$$X = k\int_{vis}\varphi(\lambda)\cdot\bar{x}(\lambda)d\lambda$$
$$Y = k\int_{vis}\varphi(\lambda)\cdot\bar{y}(\lambda)d\lambda \quad\quad\quad（5\text{-}6）$$
$$Z = k\int_{vis}\varphi(\lambda)\cdot\bar{z}(\lambda)d\lambda$$

其中，k為常數，$\left(\int_{vis}\right)$取自可見光波長區域。

對於物體色的色刺激，反射物體為$\varphi(\lambda)=R(\lambda)\cdot P(\lambda)$，透射物體為$\varphi(\lambda)=T(\lambda)\cdot P(\lambda)$。其中，$P(\lambda)$為照明光的光譜分布；$R(\lambda)$為反射物體的光譜反射率；$T(\lambda)$為透射物體的光譜透過率。因此，例如：反射物體的三刺激值XYZ為：

$$X = k\int_{vis}R(\lambda)\cdot P(\lambda)\cdot\bar{x}(\lambda)d\lambda$$
$$Y = k\int_{vis}R(\lambda)\cdot P(\lambda)\cdot\bar{y}(\lambda)d\lambda \quad\quad（5\text{-}7）$$
$$Z = k\int_{vis}R(\lambda)\cdot P(\lambda)\cdot\bar{z}(\lambda)d\lambda$$

這裡的常數k為：

$$k = 100 / \int_{vis} P(\lambda) \cdot \overline{y}(\lambda) d\lambda$$ ……………………………………（5-8）

常數k的選擇是使完全擴散反射面（$R(\lambda)=1$）的三刺激值$Y=100$。對於一般的物體色$R(\lambda)<1$，因此$Y<100$。三刺激值Y之值稱為反射（透射）物體的光視反射（透射）率（Luminous Reflectance（Transmittance））。

利用$\overline{x}_{10}(\lambda), \overline{y}_{10}(\lambda), \overline{z}_{10}(\lambda)$代替**公式5-7**中配色函數$\overline{x}(\lambda), \overline{y}(\lambda), \overline{z}(\lambda)$，即可求出$X_{10}Y_{10}Z_{10}$色度系統的三刺激值$X_{10}, Y_{10}, Z_{10}$。對物體色也同樣，將**公式5-7**、**5-8**中的配色函數進行代換即可。

圖5-6所示為XYZ色彩空間中的$\overline{x}(\lambda), \overline{y}(\lambda), \overline{z}(\lambda)$配色函數軌跡與光譜軌跡，和前述的RGB色度系統相同，色向量（X, Y, Z）和單位平面$X+Y+Z=1$的交點定為色度座標（x, y），且有以下公式成立。

$$x = X/(X+Y+Z)$$ ……………………………………（5-9）
$$y = Y/(X+Y+Z)$$

圖5-7表示XYZ色度空間中的$\overline{x}(\lambda)，\overline{y}(\lambda)，\overline{z}(\lambda)$配色函數軌跡與光譜軌跡示意圖。以$xy$色度圖為例，在$xy$色度圖上確定色[F]的（$x, y$）座標稱為色[F]的色度座標（Chromaticity Coordinates），將色度座標表示在平面上的圖形稱為色度圖（Chromaticity Diagram），將色[F]的色度座標在色度圖上得到的位置點稱為色度點（Chromaticity Point）。此外，還將由色度座標所決定色[F]的心理物理性質稱為色[F]的色度（Chromaticity）。單色光的色度座標稱為單色光色度座標（光譜色度座標，Spectral Chromaticity Coordinates），按單色光波長順序連接各個色度點得到的曲線稱為單色光光譜軌跡（簡稱光譜

軌跡，Spectrum Locus）。連接單色光軌跡兩端的直線稱為純紫邊界線（Purple Boundary），該直線表示可見光譜兩端波長的單色光刺激（藍色與紅色）的加法混色結果，在純紫邊界線上的色光是由藍色經由紫色到紅色進行連續變化。

由以上一連串的規定進行的表色體系稱為XYZ色度系統。

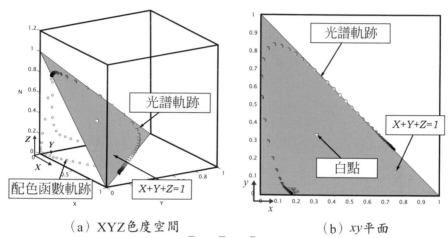

（a）XYZ色度空間　　　　　　　　（b）xy平面

圖5-7　XYZ色度空間中的$\bar{x}(\lambda), \bar{y}(\lambda), \bar{z}(\lambda)$配色函數軌跡與光譜軌跡

5.6　主波長和色純度

色[F]的表示多採用二維xy色度圖。但將本來具有三刺激值XYZ三個資訊量的顏色以二維表示時，為了能夠完整描述色彩，除（x, y）之外還需要一個資訊量。為此可再採用三刺激值XYZ中的任一個，但通常多用光度量Y，以（x, y, Y）來表示顏色。

此外，如**圖5-8**所示，有時也用對特定的無彩度刺激（在一般觀察條件下，感知為無彩度色的色刺激，Achromatic Stimulus）色度點W（白點，White Point）的距離和方向來表示色彩。假設白點W和某色[F₁]的色度點F₁之連線與頻譜軌跡的交點為D，因F₁在直線WD上，

因此如將白色刺激[W]和D點的單色光刺激[D]進行適當混合就可得到色[F_1]。此時距離比WF_1/WD是表示色[F_1]與單色光刺激[D]接近程度值，稱其為刺激純度（Excitation Purity）P_e。將交點D的單色光刺激波長稱為主波長（Dominant Wavelength），以λ_D表示。假設白點W的色度座標為X_w, Y_w，色度點F_1的色度座標為X_1, Y_1，交點D的色度座標為（X_d, Y_d），則刺激純度P_e可寫成：

$$P_e = WF_1/WD$$
$$= (x_1 - x_W)/(x_d - x_W)$$
$$= (y_1 - y_W)/(y_d - y_W) \quad \text{.....................................}（5\text{-}10）$$

在**公式5-10**中x式和y式均為等價，但為提高計算精度，採用分母數值較大者為佳。

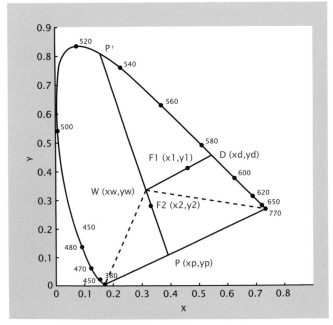

圖5-8　主波長與刺激純度

對於[F₂]之類的顏色，它位於**圖**5-8中虛線所圍範圍內（紫色區域），其交點P不在頻譜軌跡上，而是在純紫邊界線上。這時的交點如點P的色度座標為（x_p, y_p），則其刺激純度P_e由下式求出。

$$P_e = WF_2/WP$$
$$= (x_2 - x_w)/(x_p - x_w)$$
$$= (y_2 - y_w)/(y_p - y_w) \dots\dots\dots\dots\dots\dots\dots\dots\dots\dots\text{（5-11）}$$

將直線WP在W方向上延長，與頻譜軌跡的交點為P′，以使用單色光刺激[P′]的波長，稱其為互補主波長（Complementary Wavelength），以記號λ_c表示。

對於光源色而言，白點的色度座標多取為$x_w = y_w = 1/3$。在這種表示法中，主波長大致表示色相，刺激純度大致表示彩度，直覺上易於掌握色刺激。

5.7 色溫和相關色溫

當具有某光譜分布的發光體是理想黑體時，其絕對溫度（Absolute Temperature）和輻射光譜分布屬於一對一對應關係，因此，使用絕對溫度表示色彩就更為簡單，僅一個參數就足夠了。

絕對溫度是從黑體輻射的概念產生的。完全遵從蒲朗克輻射定律的假想物體稱為黑體（Black-Body）。一般加熱像鐵等不燃物時，會逐漸發紅光，進一步加熱到高溫時，物體色由紅變黃最後變成白色。將這樣得到的光稱為黑體輻射（Black-Body Radiation）。當某輻射色度與某黑體輻射色度相同時，就可以使用該黑體溫度T_c表示該輻射的色度，T_c就是色溫（Color Temperature）。

　　相關色溫（Correlated Color Temperature）T_{cp}指的是當兩者的色度還不到完全一致，但其輻射色度與最接近的黑體溫度值。兩種色溫的單位都採用絕對溫度（K）。

　　色溫T_c的意義是指某輻射的色度與絕對溫度T_c的黑體輻射的色度相一致，而這種輻射源的溫度必要到達絕對溫度T_c；相關色溫T_{cp}也同樣。例如：發光的螢光燈並不十分熱而它的T_{cp}到達6000K，即它輻射出的色光與加熱到絕對溫度為6000K的黑體輻射最接近。

　　把一系列不同絕對溫度的黑體輻射之色度點連線稱為黑體軌跡，**圖**5-9表示xy色度圖上的黑體軌跡；色溫作為黑體軌跡上對應的絕對溫度可直接求出。此外，相關色溫可在CIE 1960 uv色度圖上由該輻射的色度點向黑體軌跡作垂線，利用與該交點對應的絕對溫度求出。該垂線稱為等色溫線（Isotemperture Line）；**圖**5-9表示對不同相關色溫求出的等色溫線變換到xy色度圖上的結果。任意輻射的相關色溫可由**圖**5-10作圖求得。但是，若將等色溫線無線延長，例如：求出綠色光的相關色溫這樣是不妥當的。適用的色度座標應是**圖**5-10直線所表示的範圍。

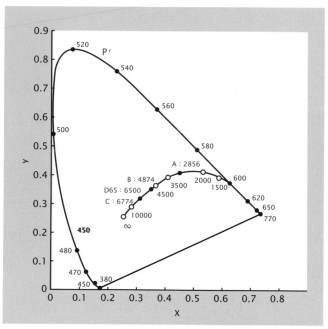

圖5-9 黑體軌跡（○）及標準照明體和補助標準照明體的色度點（●）

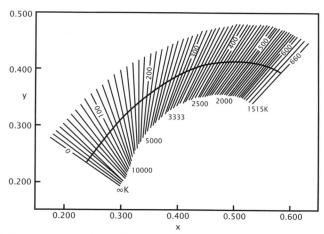

圖5-10 黑體軌跡（粗線）和等色溫線（細線）（上面的數字爲倒數色溫）

5.8 照明光和光源

日常生活中採用的照明光光源，例如：有如太陽的自然光源和如白熾電燈的人工光源。如前所述，太陽光自遠古以來既為人類所利用，人眼視覺也是為了最有效利用日光的光譜分布進化而來的，因此日光是所有照明光中最重要的。迄今為止已報導過許多日光光譜分布的測定結果。由這些結果可知，日光的光譜分布因測定的場所、時間、天候等多種因素而變化。

人工光源中最有代表性的是白熾電燈，白熾電燈是利用白熾鎢絲發出之光作為照明，鎢絲的輻射與同溫度下的黑體輻射相比，其色溫稍高。

在日常生活中經常使用的人工光源還有螢光燈。螢光燈是利用密封在玻璃管中的水銀在44℃左右的管壁溫度時，處於飽和蒸氣壓下的放電原理發光。由於放電效率高發出波長為254 nm的紫外線，從而使得塗布在玻璃管內側上的螢光體發光。如適當選擇螢光體的成分就可得到具有各種特性的螢光燈。按照XYZ色度系統的色度分類，這些螢光燈可分為燈泡色、暖白色、白色、晝白色、日光色等五種類。近來為了改善照明下的色外貌效果，研製了提高特定的三波長域（445nm～475nm、525nm～555nm及595nm～625nm）的輻射通量比例之三波長域發光型新型螢光燈，並已開始推廣普及。

為了使照明光能夠定量應用顏色的表示上。為此CIE規定了幾種標準照明光（CIE標準照明體，CIE standard illuminant）和實現這種照明光的人工光源（CIE標準光源，CIE standard source）。標準照明體是由（相對）光譜分布$P(\lambda)$來定義的光；標準光源是為實現照明體所製作出如白熾燈那樣的人工器具。

　　關於標準照明體，是從日常生活中經常使用的照明光中，選擇出具有代表性的白熾燈光和日光，並規定了它們典型的光譜分布。代表白熾燈光的有標準照明體A，代表日光的有相關色溫為6500K稱為CIE日光的標準照明體D_{65}和標準照明體C（參照**圖5-11**）。以下說明標準照明體和標準光源等的有關規定。

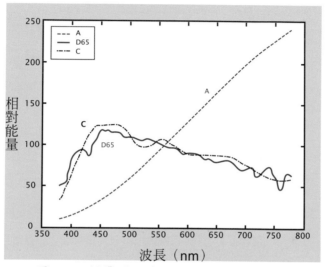

圖5-11　標準照明體A、D_{65}及C的光譜分布

1. 標準照明體A和標準光源A

   標準照明體A用於表示以白熾燈照明的物體色。具有如附表3所規定的光譜分布，其相關色溫約為2856K。用於實現標準照明體的標準光源A是具有無色透明玻璃外殼的充氣鎢絲燈（Gas-Filled Phototube）。

2. 標準照明體C標準光源C

   標準照明C用於表示以日光照明的物體色，為接近於相關色溫約為6774K的日光。標準光源C是在標準光源A上加色溫變換濾光器後得到的。色溫變換濾光器是採用由溶液組成的戴維斯－吉伯遜

（Davis-Gibson）濾光器。因為戴維斯－吉伯遜濾光器是溶液式，耐久性較差，因此有逐漸用固體濾光器取代的傾向。

標準照明體C與相關色溫為6774K的日光相比，其紫外部分的光譜分布相對值較小。因此不能用於以紫外線激發的螢光物體色表示。因此標準照明體C有逐漸被標準照明體D_{65}取代的傾向。

3. 標準照明體D_{65}和常用光源D_{65}

標準照明體D_{65}用於表示以日光照明體的物體色，為接近於相關色溫約為6500K（正確為6504K）的日光。因標準光源D_{65}尚未研製出，常採用和它相近的氙燈等來代替，稱它們為常用光源D_{65}（Daylight Simulator）。

CIE還規定了四種輔助照明體（Supplementary Standard Illuminant），來作為標準照明體輔助採用的色度用光，它們分別是CIE日光D_{50}、D_{55}、D_{75}及照明體B，根據需求也可採用其他黑體輻射或CIE日光。以下說明標準照明體和標準光源等的有關規定。

1. 輔助標準照明體D_{50} D_{55}和D_{75}

輔助標準照明體D_{50}、D_{55}和D_{75}分別用於表示相關色溫約為5000K、5500K及7500K（正確為5003K、5503K及7504K）的日光照明物體色。和標準光源D_{65}的情況相同，實現這些輔助標準照明體的正式光源還未研製出，因此採用和它們相近的常用光源D_{50}、D_{55}和D_{75}。

常用光源D是近似於標準光源D的實際光源，是在現有光源上加濾光器得到的，目前有幾種形式被提議出來。CIE日光光譜分布是以10 nm間隔來確定，其間變化起伏相當大。

　　圖5-12表示標準照明體D$_{65}$及輔助標準照明體D$_{50}$、D$_{55}$、D$_{75}$的光譜分布。

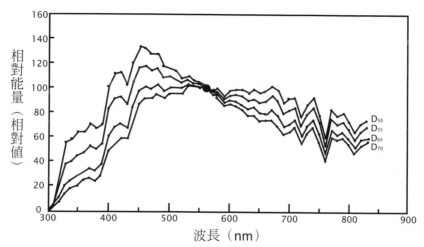

圖5-12　標準照明體D$_{65}$及輔助標準照明體D$_{50}$，D$_{55}$，D$_{75}$的光譜分布
　　　　（在560nm波長處之相對能量正規化為100）

2. 輔助標準照明體B

　　輔助標準照明體B用於表示直接以陽光為照明的物體色，它近似於相關色溫約為4874K的直射陽光。輔助標準照明體B可在標準光源A上，加上戴維斯・吉伯遜濾光器後得到。輔助標準照明體B和標準照明體C一樣，它和相關色溫為4874K的直射陽光相比較，其紫外部分光譜分布的相對值較小，因此也不適合於紫外線激發螢光物體色之表示。所以它逐漸有被輔助標準照明體D$_{50}$取代的趨勢，CIE已發布停止使用的勸告。

5.9 條件等色

　　由**公式**5-11可知，即使一對物體反射率R（λ）與R'（λ）不同，以下方程式也可能成立，即

$$\int_{vis} R(\lambda) \cdot P(\lambda) \cdot \overline{x}(\lambda) d\lambda = \int_{vis} R'(\lambda) \cdot P(\lambda) \cdot \overline{x}(\lambda) d\lambda$$

$$\int_{vis} R(\lambda) \cdot P(\lambda) \cdot \overline{y}(\lambda) d\lambda = \int_{vis} R'(\lambda) \cdot P(\lambda) \cdot \overline{y}(\lambda) d\lambda \text{ ......（5-12）}$$

$$\int_{vis} R(\lambda) \cdot P(\lambda) \cdot \overline{z}(\lambda) d\lambda = \int_{vis} R'(\lambda) \cdot P(\lambda) \cdot \overline{z}(\lambda) d\lambda$$

因此，這兩種顏色可視為等色。但如將照明光$P(\lambda)$換為和不同的照明光$P'(\lambda)$，一般而言，**公式5-12**就不再成立，即：

$$\int_{vis} R(\lambda) \cdot P'(\lambda) \cdot \overline{x}(\lambda) d\lambda \neq \int_{vis} R'(\lambda) \cdot P'(\lambda) \cdot \overline{x}(\lambda) d\lambda$$

$$\int_{vis} R(\lambda) \cdot P'(\lambda) \cdot \overline{y}(\lambda) d\lambda \neq \int_{vis} R'(\lambda) \cdot P'(\lambda) \cdot \overline{y}(\lambda) d\lambda \text{ ....（5-13）}$$

$$\int_{vis} R(\lambda) \cdot P'(\lambda) \cdot \overline{z}(\lambda) d\lambda \neq \int_{vis} R'(\lambda) \cdot P'(\lambda) \cdot \overline{z}(\lambda) d\lambda$$

因此兩色不為等色。

這種頻譜分布不同的兩種色刺激在「特定觀察條件」下看起來是相同顏色，Ostwald稱其為條件等色（Metamerism）。條件等色的兩種色刺激稱為條件等色對（Metamer）。所謂的特定條件是和觀察者的配色函數及觀察視角等有關；對於物體色而言，它還包含照明光的光譜分布。

5.10 均等色度圖

至今，CIE表色系統仍在許多方面得到廣泛使用，但其中也發現了一些不完善之處。特別是在色度圖的不均等性，這在實用上會產生許多問題。定量表示色覺的差異量稱為色差（Color Difference），如果利用xy色度圖上的距離來表示色差會造成知覺的不均等。試考慮亮度相同的色光[A]、[B]、[C]、[D]，當這些色光在色度圖表示時，假

設[A]和[B]，[C]和[D]的距離相同，這時因距離相同應被認為感知上的差異量也相同，實際上隨著色度圖的位置不同而有相當的差異。色度圖可視為一種「色彩地圖」，對於相同距離有時會出現較大感知上的差異，或是呈現難於分辨的感知差異，這顯然是不合理的。

　　MacAdam對xy色度圖的不均等性作了更詳細的研究。MacAdam在色度圖上不是求取某一確定方向上的不均等性，而是針對特定顏色（中心色）在許多方向上採用加法混色進行多次配色實驗。實驗採取2°視角並保持色光亮度不變。實驗結果顯示即使對某一確定方向進行的實驗結果每次也是不同，即視覺上可識別的界限會發生變動。如從不同的方向對該變動的標準偏差在xy色度圖上作圖，就得到**圖**5-13中的白色圓點，它們在中心色色度座標的周圍呈橢圓分布。MacAdam對25個不同的色度座標進行了配色實驗得到了同樣的結果，將這些橢圓稱為麥克爾當橢圓（MacAdam ellipsis）。為了能夠清楚觀察起見，這裡將橢圓放大了10倍（參照**圖**5-14）。

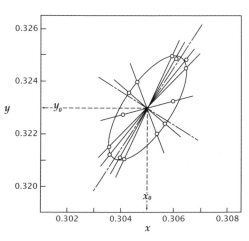

圖5-13　麥克爾當橢圓的產生

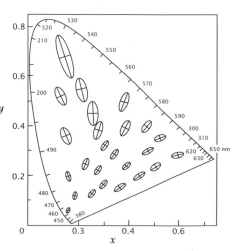

圖5-14　xy色度圖的麥克爾當橢圓
（橢圓放大10倍）

　　麥克爾當橢圓表示的標準偏差並不直接表示色差。MacAdam通過其他實驗求出了作為JND的色差，結果找出標準偏差的3倍為JND色差。理想的色度圖上任何位置的麥克爾當橢圓都應是相同半徑的圓。對於亮度相等的顏色，在色度圖上距離相等代表感知差異也相等的色度圖稱為均等色度圖（Uniform-Chromaticity-Scale Diagram）或稱為UCS色度圖（UCS diagram）。

　　UCS色度圖在實用上很重要，因此不少學者對它不斷進行研究。其中，MacAdam提出的色度圖對xy色度圖的不均等性進行了某種程度的改善，變換公式也相當簡單，因此，CIE於1960年將它作為CIE 1960 UCS色度圖（CIE 1960 UCS diagram）向各國推薦。在該色度圖中，將色度座標x, y或三刺激值X, Y, Z按照下式變換成新的色度座標u, v。

$$u=4x/(-2x+12y+3)=4X/(X+15Y+3Z)$$
$$v=6y/(-2x+12y+3)=6Y/(X+15Y+3Z) \quad\dotsfill（5\text{-}14）$$

　　因該色度圖採用色度座標u, v，也稱為uv色度圖。對$X_{10}Y_{10}Z_{10}$色度系統也可用同樣公式求出色度座標u_{10}, v_{10}。**圖5-15**表示變換為uv色度圖後的麥克爾當橢圓，和xy色度圖相比，橢圓的均等性稍有改善。但如果說要達成一個完全均等的色度圖，橢圓應變為等半徑的圓才對，因此，目前還不能說uv色度圖是完美的。

　　自1960年uv色度圖被推薦以來，在像是相關色溫定義光源演色性評價等得到廣泛應用。1975年Eastwood更進一步提出將縱軸v值擴大1.5倍，以改善色度圖均等性之作法，CIE以此為基礎，採用以下公式定義出$u'v'$均等色度圖。

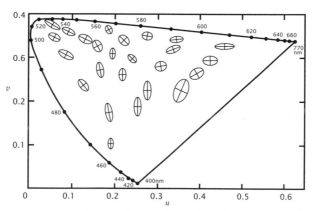

圖5-15　*uv*色度圖的麥克爾當橢圓（橢圓放大10倍）

$$u' = 4x/(-2x+12y+3) = 4X/(X+15Y+3Z)$$
$$v' = 9y/(-2x+12y+3) = 9Y/(X+15Y+3Z)\dots\dots\dots\dots\dots\dots\quad（5\text{-}15）$$

　　該色度圖稱為CIE1976UCS色度圖或*u'v'*色度圖。**圖**5-16表示在
*u'v'*均等色度圖上表示之麥克爾當橢圓（放大10倍），顯示出*u'v'*色度
圖上均等性雖較*x'y'*色度圖改善了許多，但仍未達到完美的均等色度
圖。

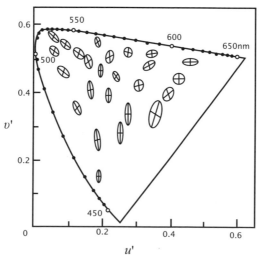

圖5-16　*u'v'*色度圖的麥克爾當橢圓（橢圓放大10倍）

5.11 均等色彩空間

　　1976年CIE將它們進行整理後推薦如下的$L^*a^*b^*$色彩空間和$L^*u^*v^*$色彩空間。在兩種色彩空間中的色差並不是同一數值，但可以進行近似的換算。以下我們採用XYZ色度系統來進行色度的定義，當視角超過4°時，可另外使用$X_{10}Y_{10}Z_{10}$色度系統。

1. CIE 1976 $L^*a^*b^*$色彩空間

　　採用以下的三維直角座標系統的色彩空間，稱為CIELAB色彩空間。

$$L^* = 116(Y/Y_n)^{1/3} - 16$$
$$a^* = 500\{(X/X_n)^{1/3} - (Y/Y_n)^{1/3}\} \quad\text{.........................}\quad (5\text{-}16)$$
$$b^* = 200\{(Y/Y_n)^{1/3} - (Z/Z_n)^{1/3}\}$$

　　其中X, Y, Z為對象物體的三刺激值；X_n, Y_n, Z_n為完全擴散反射面的三刺激值，並利用正規化使$Y_n = 100$。表示明度L^*和以下敘述CIELUV色彩空間中的明度完全相同，稱為CIE 1976明度指數。上式的適用範圍為$X/X_n > 0.008\ 856, Y/Y_n > 0.008\ 856, Z/Z_n > 0.008\ 856$；如不在此範圍內可採用以下的(3)所述的修正公式。

2. CIE 1976 $L^*u^*v^*$色彩空間

　　採用以下的三維直角座標系統的色彩空間，稱為CIELUV色彩空間。

$$L^* = 116(Y/Y_n)^{1/3} - 16$$
$$u^* = 13L^*(u' - u'_n) \quad\text{...}\quad (5\text{-}17)$$
$$v^* = 13L'(v* - v'_n)$$

其中Y, u', v'為對象物體的三刺激值Y和利用**公式**5-15求出的色度座標；Y_n, u'_n, v'_n為完全擴散反射面的三刺激值Y和色度座標，並進行Y_n的正規化使$Y_n = 100$。

3. 暗色修正公式

對於CIELAB色彩空間的L^*, a^*, b^*和CIELUV色彩空間的L^*，其X, Y, Z值是有限制的，現實中因為存在著在此限制範圍以外的顏色，這時的L^*, a^*, b^*可用以下修正公式求出：

$$L^* = 116 f(Y/Y_n) - 16$$
$$a^* = 500\{ f(X/X_n) - f(Y/Y_n)\} \quad\text{.............................}\quad（5\text{-}18）$$
$$b^* = 200\{ f(Y/Y_n) - f(Z/Z_n)\}$$

這裡，對於CIELAB色彩空間整理出以下的暗色修正公式。假設$p = Y/Y_n$，則明度指數L^*可寫成以下公式：

$$L^* = 116 p^{1/3} - 16 \quad\text{..}\quad（5\text{-}19）$$

但如$p < (16/116)^{1/3} = 0.0026241$時，$L^* < 0$，是不合理的。因此，如**圖**5-17所示，由原點向**公式**5-19表示的曲線作斜率為m的切線，即

$$L^* = mp \quad\text{...}\quad（5\text{-}20）$$

對於暗色而言，就建議採用**公式**5-20計算明度指數。由**公式**5-19、**公式**5-20可得：

$$dL^*/dp = (116/3)p^{-2/3} = m \quad\text{....................................}\quad（5\text{-}21）$$

假設接點的座標為p，解以下的聯立方程式之後，

$$116p^{1/3}-16=mp$$
$$(116/3)p^{-2/3}=m \dots\dots\dots\dots\dots\dots\dots\dots\dots\dots\dots\dots\dots（5\text{-}22）$$

可以得到以下的p, m及L^*。

$$p=(24/116)^3=0.008856$$
$$m=116/3 \cdot (116/24)^2 \dots\dots\dots\dots\dots\dots\dots\dots\dots\dots（5\text{-}23）$$
$$L^*=116(7.787p+16/116)^{-16}$$

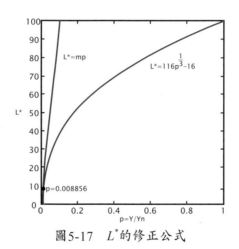

圖5-17　L^*的修正公式

5.12 色差和色彩心理相關量

　　圖5-18表示CIELAB色彩空間中，某一色點P的LAB色度座標（a^*, b^*, L^*）與色彩心理相關量（色相h，明度L^*，彩度C_{ab}^*）的換算關係。CIELAB和CIELUV色彩空間中的色差及與對應心理量的近似相關量（明度，彩度，色相角，色相差）可以採用以下方式求出。（下標ab和uv分別表示CIELAB和CIELUV色彩空間）

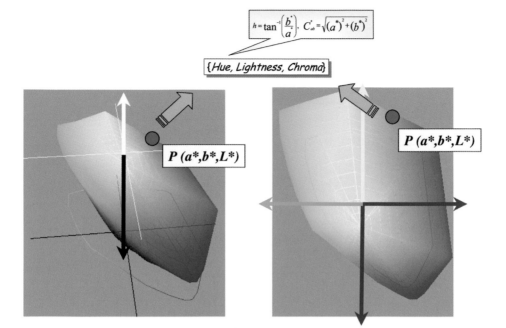

圖5-18　CIELAB色彩空間與色屬性的換算

CIELAB色彩空間中的兩色度值（L_1^*, a_1^*, b_1^*）和（L_2^*, a_2^*, b_2^*）之間的色差ΔE_{ab}^*由下式決定。

$$\Delta E_{ab}^* = \{(\Delta L^*)^2 + (\Delta a^*)^2 + (\Delta b^*)^2\}^{1/2} \quad\text{............................（5-24）}$$

其中

$$\Delta L^* = L_1^* - L_2^*$$
$$\Delta a^* = a_1^* - a_2^* \quad\text{...（5-25）}$$
$$\Delta b^* = b_1^* - b_2^*$$

在CIELUV色彩空間中，兩色度值（L_1^*, u_1^*, v_1^*）和（L_2^*, u_2^*, v_2^*）之間的色差ΔE_{uv}^*由下式決定。

$$\Delta E_{uv}^* = \{(\Delta L^*)^2 + (\Delta u^*)^2 + (\Delta v^*)^2\}^{1/2} \quad\text{..............................（5-26）}$$

其中

$$\Delta L^* = L_1^* - L_2^*$$
$$\Delta u^* = u_1^* - u_2^* \quad\text{..}\quad (5\text{-}27)$$
$$\Delta v = v_1^* - v_2^*$$

另外，在CIE建議的方式中，也可以從兩色的彩度差、色相差、明度差（ΔC^*, ΔH^*, ΔL^*）來求出色差，即

$$\Delta E^* = \{(\Delta L^*)^2 + (\Delta C^*)^2 + (\Delta H^*)^2\}^{1/2} \quad\text{...............................}\quad (5\text{-}28)$$

另外，為了改善預測精度，CIE在1994年公告CIE1994色差公式，色差ΔE^*_{94}是由**公式5-29**、**公式5-30**進行計算。

$$\Delta E^*_{94} = [(\Delta L^*/S_L)^2 + (\Delta C^*_{ab}/S_C)^2 + (\Delta h^*_{ab}/S_H)^2]^{1/2} \quad\text{.............}\quad (5\text{-}29)$$
$$S_L = 1$$
$$S_C = 1 + 0.045C^* \quad\text{...}\quad (5\text{-}30)$$
$$S_h = 1 + 0.015C^*$$

這裡，C^*代表作為比較基準用的物體彩度值；S_L, S_C, S_h分別代表調節明度差ΔL^*，彩度差ΔC_{ab}^*，色相差Δh_{ab}^*的權重係數，色相角h單位為徑度量（$0 \sim 2\pi$；$\pi = 3.1416$）。

參考書目

1. 大田登著、陳鴻興／陳君彥譯（2003）：《基礎色彩再現工程》，全華圖書。

2. 大田登（2001）：《色彩工學》（日文），東京電機大學。

3. Noboru Ohta&Alan R. Robertson（2005）："Colorimetry", Wiley.

4. Hsien-Che Lee（2005）："Introduction color imaging Sscience", Cambridge.

5. Helmut Kipphan（2001）："Handbook of print media", Springer.

第六章
色彩量測

色彩量測的目的，是將主觀的色彩認知予以量化，如此，當我們主觀上認為兩片色票顏色相近時，客觀上的量測數值也相近。本章將討論色彩量測的方法。

6.1 色彩量測原理

色彩是一種視覺感知，色彩的產生的過程，如圖6-1所示，有四項要件：(1)光源：提供電磁波輻射以作為刺激視覺的感知來源；(2)目標物體：其物理與化學特性將入射的電磁波能量作調變，或稱反射，再輻射出去；(3)人眼視覺系統：將調變後的能

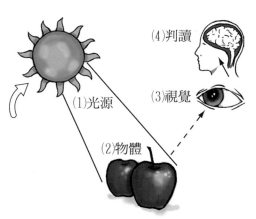

(4)判讀

(1)光源

(3)視覺

(2)物體

圖6-1　色彩產生四項要件

量，由視覺感知器接收，再經由視覺神經系統；(4)人腦判讀的機能，以產生顏色的感知。這四項要件間，或者至少(1)、(3)、(4)項間的交互作用，產生顏色的感覺，也就是所謂的顏色。

色彩量測的原理是將色彩視覺過程的四要項分別量測。(1)光源可量測其光譜功率分布（spectral power distribution），實務上亦可選定標準照明光源，訂出其光譜功率分布函數。(2)被照射的目標可以量測其反射、散射或穿透（對於半透明物體）的能量光譜分布。(3)然而人眼視覺對入射光的反應，亦即刺激值，無法量度，只能用數學模式模擬其機能予以量化，而此數學模式的基礎即由人眼色彩匹配（color matching properties）實驗的數據所構成。(4)人腦判讀的機能十分複雜，例如：對明暗的調適，色彩對比的調適，乃至於色彩記憶與偏好

顏色等，都會影響主觀上對顏色的判讀，這部分的機能對顏色量化的影響仍未完全了解。

一般的色彩量測，只呈現(1)、(2)、(3)的整合結果，依此而發展出的色彩量測的研究領域稱為色度學。色彩量測設備的運作原理，如**圖6-2**所示：照明光源光譜的能量分布$P(\lambda)$可以是量測結果，也可以是一組數據，它與物體反射的能量分布$R(\lambda)$，做波長函數的向量相乘$P(\lambda) \times R(\lambda)$，亦即同樣波長的數據相乘。所得到的

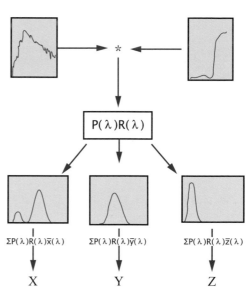

圖6-2　色彩量測的基本原理（Berns）

波長函數，再與人眼視覺系統的配色函數$\bar{x}(\lambda), \bar{y}(\lambda), \bar{z}(\lambda)$分別相乘，所的結果再分別對波長積分（或計算上求其和），而得到X, Y, Z數值，此數值即為CIE標準色度值，亦即色彩量測之結果。

6.2 光源與照明（Light Sources and Illuminants）

如前所述，光源是量測系統的要項之一。光源提供電磁波能量以刺激視覺的感測功能。光源最重要的參數在於其在可見光範圍的光譜之能量分布。量測用的光源可以是實際存在的可見光發射源，也可以是光譜能量分布的一組數字，它是經由CIE制定所組成的數學上的標準光源。

CIE所制定的CIE標準照明，有以下數種典型例子：A、D_{65}、F2，分別代表標準之白熾燈（A）、日光（D_{65}）及螢光燈（F2）。某些標準照明有實體存在的光源，例如CIE A即以特定的鎢絲燈光源制定。用於色彩量測時，但其光譜的分布，或因供應電源的穩定性、或因長期使用導致衰減，所以需要定期校正。有些以非實體存在，例如CIE D_{65}日光，它是地表面不同地區、不同季節與不同時間的平均日照的統計結果，其色溫定義在6500K（K絕對溫度），因此並無一自然光源可產生D_{65}的能量光譜。此統計結果為標準光譜分布數值，作為色彩量測計算的基礎，若已知被照射物體的反射光譜函數，就可據以直接計算對人眼的刺激值。

光源的一些物理概念與名詞，介紹如下：

1. 黑體輻射

在黑體輻射理論中有幾項重要定律：

⑴黑體輻射定律：蒲朗克輻射定律公式如下：

$$M_e(\lambda, T) = C_1\lambda^{-5}(e^{C2/T\lambda} - 1)^{-1}（瓦 \cdot 公尺^{-3}）.....................（6\text{-}1）$$

其中：

$$C_1 = \frac{c}{4}8\pi hc = 2\pi hc^2 = 3.741832\times10^{-16}（瓦 \cdot 公尺^2）$$

$$C_2 = \frac{hc}{k} = 1.438786\times10^{-2}（公尺 \cdot K）$$

$h = 6.6260755\times10^{-34}$（焦耳 $\cdot$ 秒）

$k = 1.380662\times10^{-23}$（焦耳 $\cdot K^{-1}$）

$c = 2.99792458\times10^{8}$（公尺／秒）

此為黑體輻射最重要之定律，輻射能量 M 為物體表面在單位面積、單位時間、單位立體角，在波長 λ 與 $\lambda+d\lambda$ 之間所輻射的能量（h：蒲朗克常數，k：波茲曼波常數，c：光在真空中速度，T：絕對溫度）。此公式表示一理想黑體，所輻射的電磁波之光譜分布是絕對溫度 T 之函數。人體溫度約為310K，輻射能量主要分布於8μm～12μm的紅外光線範圍，故人體在夜間之偵測，要用紅外光感測器。太陽光源溫度約6,000K～10,000K，輻射能量主要分布於0.4μm～0.7μm之間，此即可見光範圍。

(2)史蒂芬－波爾茲曼定律（Stefan-Boltzman law）

$$Me(T)=\sigma T^4 \quad \sigma=5.6687\times10^3 \text{瓦}\cdot\text{公尺}^{-2}\cdot K^{-4}....... （6-2）$$

此公式表示溫度升高，則黑體輻射能量增大，黑體輻射能量釋出程度與黑體絕對溫度的四次方成正比。此能量涵蓋所有黑體輻射的電磁波頻譜，可見光僅為其中一部分。人體的溫度為310K，鎢絲燈光源溫度為2856K，相差近10倍，所發出的輻射能量即相差10,000倍。所以夜間紅外線熱像攝影，在其感測波段內的人體輻射能量，遠較可見光照射人體時的反射能量為低，輻射能量經感測元件轉換為電子訊號，其訊號強度亦低，因此，紅外線熱像攝影的清晰程度無法與可見光攝影相比。

(3)維恩位移定律（Wiens Displacement Law）

$$\lambda_{\max}\times T=C .... （6-3）$$
$$C=2.8978\times10^{-8}\text{公尺}\cdot K$$

此公式表示在黑體輻射時光譜輻射能量分布最大值的波長λ_{max}與絕對溫度T成反比，即黑體溫度升高最大輻射能量的波長向短波移動。若以人體溫度310K為例，依此公式，λ_{max}為9.3μm，故一般紅外熱像攝影設計的感測波長為8～12μm。太陽光源溫度為5780K，λ_{max}為0.5μm。鎢絲燈光源溫度為2856K，λ_{max}為1.0μm，與日光比較，顏色偏紅。此公式可用以估算已知色溫光源的顏色偏移。

2. **色溫**（Color Temperature）

當黑體輻射溫度改變時，能量分布最大的波長隨之偏移，因此而改變顏色。一個例子為：當對黑色鐵塊加熱時，溫度高到某一個程度，鐵塊的輻射達到人眼的可見光範圍，開始時會由黑色，逐漸發出紅光。溫度進一步升高時，鐵塊輻射的光顏色由紅變黃，最後變為白色、青色，這顯示出不同的溫度會呈現不同的顏色。因此，可利用黑體輻射到不同溫度所發出的可見光顏色，作為其他光源顏色的比對標準。當某光源在色度圖上的色度與黑體輻射的色度相同時，就以該黑體的溫度T_C表示該輻射光源的色度，T_C即是色溫。例如：一個光源的顏色與黑體加熱到絕對溫度3000K所發出的光色相同，這個光源的色溫就是3000K。

然而任意光源發光的光譜，在色度圖上並不一定剛好在黑體輻射的座標上，如**圖6-3**所示。黑體輻射的光譜與CIE1931色度圖標準之XYZ三刺激值的波長函數作向量相乘，其向量的分量即為各波長。當黑體輻射溫度改變時，在色度圖上的座標即隨之改變。圖中P為黑體輻射隨溫度增加的座標軌跡。圖中D曲線上的黑點，為日光在不同情況下的光譜，例如：一日中不同的時間，或地球

上不同的地區，在CIE色度圖上不同的座標。此座標（x, y）用下列之公式，即可求出其對應黑體輻射的相關色溫（correlated color temperature, Wyszecki）。

$$T_C = -437n^3 + 3601n^2 - 6861n + 5514.31$$

其中　　　　　　　　　　　　　　　　..........................（6-4）

$$n = (x - 0.332)/(y - 0.1858)$$

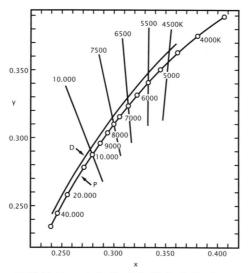

圖6-3　黑體輻射、日光軌跡與等色溫線（Wyszecki）

x、y為CIE1931之xy色度座標。圖中各等色溫線並非垂直於黑體輻射軌跡，亦即並非最短距離，此乃由於CIE1931之xy座標圖並非線性均勻分布，若轉換為CIE1976$u'v'$座標圖，則此等色溫線即垂直於黑體輻射軌跡，意即任何光源在CIE1976$u'v'$座標圖上，與黑體輻射軌跡最接近之黑體輻射溫度即為其色溫。

6.3 標準光源（Standard Light Source）

太陽表面的溫度為5780K，其光譜並非理想之黑體輻射光譜，**圖6-4**顯示太陽光抵達地球表面時之光譜分布，與5780K之黑體輻射光譜之比較。如前所述，日光的光譜在一日中每一時間、一年中的每一季節與在地球上不同地區均不相同。CIE在地球上四個地區，經過長年觀測，收集的數據予以平均求得一平均光譜，此光譜相當於黑體輻射6500K之色溫，故定為D_{65}日光標準光源。因其為平均數值，故並非自然存在之光源，但在計算上作為標準光源，也有廠商製作實驗用照明光源以模擬D_{65}之光譜。

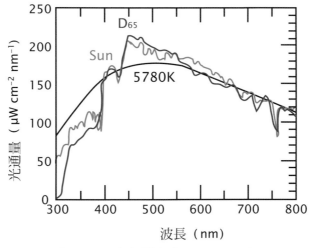

圖6-4　日光光譜分布（Wyszecki）

常用的標準光源有：

■ CIE A（2856K）鎢絲燈

■ CIE C（6774K）（Munsell Color評價用）

■ CIE日光D_{65}

常用的輔助標準光源有：

■ CIE B（4874K）（Munsell Color評價用）

■ CIE日光D$_{50}$（傳統上印刷界使用此光源，現仍應用中）

■ CIE螢光，分為F2冷白（4150K）、F7晝白（6500K）等。

照明光源不同於影像顯示光源，有以下物理特性：

1. 光源的演色性（Color Rendering）

　　光源的演色能力或稱為演色性，對於被照物體的色彩呈現極為重要，不僅在於量測，也在於一般照明應用。演色性即光源對色彩涵蓋範圍與區分的能力，若一光源之光譜涵蓋可見光，每一波長之能量為均勻分布（即理想白光），則對各顏色的照射與反射的一致性高，即有較佳之演色能力。若光源的光譜為數個窄波段所構成，則在窄波之外的色光，輻射能量低且反射能量也低，易造成色彩失真，此即代表演色性較差，演色性一般以演色指數（CRI，color rendering index）代表。以紅、綠、藍三種單色LED所組成的照明光源即有演色性的問題[註1]。一般使用LED做光源時，會在封裝時加入螢光粉以擴大其單色光譜的頻寬，形成較好的演色性。LED光源亦有以藍光LED加黃光螢光粉，可產生視覺上的白光，然而對紅與綠則有演色性的問題。**表6-1**列出數種光源的演色指數。

表6-1　照明光演色指數

光源	色溫（K）	演色指數（CRI）	發光效率（lm/W）
鎢絲燈（100W, 110V）	2850	100	15
日光（D$_{65}$）	6500	100	–
氙燈	5290	93	25

[註1] LED作為照明光源，例如LED燈具，會有演色性的問題，需考慮對色彩的影響。然而若作為顯示應用，如LED顯示幕，則能提供甚佳之色彩，因紅、綠、藍三色LED相當於三單色光，如同色彩匹配實驗的光源，具有較廣的色域，能對人眼提供更飽和的色彩，因此照明與顯示所需條件不同。

(續前表)

光源	色溫 （K）	演色指數 （CRI）	發光效率 （lm/W）
螢光燈	6500	92	45
高壓汞燈	2000	25	100
金屬鹵化燈	6430	88	85

2. 照明與照明單位

　　輻射亮度（radiance）與輻射照度（irradiance）是在光學量測上常用的物理量，輻射亮度是指從一光源或光源表面，每單位面積、單位立體角所發射的輻射功率。輻射照度是指一表面被照物體在每單位面積入射的輻射功率。兩者差異在於一為發射，一為入射。電磁輻射是波長的函數，此處的輻射亮度與輻射照度的功率，是對電磁輻射能量分布之所有波長的積分。

　　在視覺光學中，人眼對光輻射的反應可由**圖6-5**說明。圖中實線V為視網膜視錐細胞對光的反應，是為波長之函數，一般在高亮度環境。虛線V′為柱狀細胞對光的反應，是在低亮度環境（參看第二章）。將光源的輻射能量波長函數與眼睛對輻射能量的反應函數做向量相乘後，再對波長積分，其積分之面積即為亮度（luminance）。積分範圍是可見光範圍約400nm～700nm。同理，將輻射入射能量的波長分布函數，與眼睛對輻射能量的反應函數，做相同計算，所得數值即照度（illuminance）。積分範圍亦用380nm～780nm作為可見光的兩端。愈趨近可見光的兩端，人眼的敏感度愈低，故計算結果差異不大。

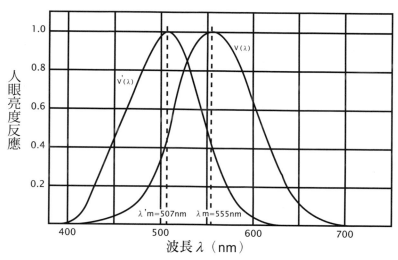

圖6-5　CIE標準中，明視覺V（λ）（photopic）與暗視覺V′（λ）（scotopic）對光輻射的反應函數。最大敏感度的波長也顯示於圖中（Wyszecki）

　　輻射亮度與輻射照度為物理量，可以量測；亮度及照度為經過人眼感應函數之計算量，兩者意義不同。因此照明單位的系統有兩種：一種純為輻射的物理量，將光譜功率分布（spectral power density）積分，稱為輻射量（radiometric quantities）；另一種為輻射的光譜功率分布進入眼睛後的反應能量，稱為光度量（photometric quantities）。輻射量與光度量的相關名詞定義如**表6-2**與**表**6-3所示：

表6-2　輻射量（radiometric quantities）名詞、定義、與物理單位

中文術語	英文術語	定義式	單位
輻射能	Radiant Energy	Qe	J
輻射通量	Radiant Flux	$\Phi e = dQe/dt$	W（＝J/s）
輻射強度	Radiant Intensity	$Ie = d\Phi e/d\omega$	W/sr
輻射照度	Irradiance	$Ee = d\Phi e/dA$	W/m^2

(續前表)

中文術語	英文術語	定義式	單位
輻射出射度	Radiant Exitance	$Me=d\Phi e/dA$	W/m^2
輻射亮度	Radiance	$Le=d\Phi e/（dA\cdot\cos\theta\cdot d\omega）$	W/（sr·m^2）

· t=時間、ω=立體角、A=面積、θ=面元（單位平面）法線與觀測方向的夾角
· 單位：J=焦耳、sr=立體角單位球面度、m=公尺

表6-3　光度量（photometric quantities）名詞、定義與物理單位

中文術語	英文術語	定義式	單位
光能量	Quantity Of Light	Qv	lm·s
光通量	Luminous Flux	$\Phi v=dQv/dt$	lm
光強度	Luminous Intensity	$Iv=d\Phi v/d\omega$	lm/sr（=cd）
照度	Illuminance	$Ev=d\Phi v/dA$	lm/m^2（=lx）
光出射度	Luminous Exitance	$Mv=d\Phi v/dA$	lm/m^2
亮度（輝度）	Luminance	$Lv=dFv/（dA\cdot\cos\theta\cdot d\omega）$（亦記作$L$或$YL$）	lm/（sr·m^2）（=cd/m^2=nit）

· t=時間、ω=立體角、A=面積、θ=面元（單位平面）法線與觀測方向的夾角
· 單位：lm=流明、s=秒、cd=燭光、lx=勒克斯、sr=立體角單位球面度、m=公尺

　　一般照明的應用多使用光度量的名詞與單位，以取代輻射量。茲將一些常用名詞及其單位說明如下：

1. 光通量（Luminous Flux, Φ）=流明（Lumen, lm）

由一光源所發射並被人眼感知之所有輻射能稱之為光通量。1燭光的光源在單位立體角內所產生之總光通量定義為1流明。

2. 光強度（Luminous Intensity, I）＝坎德拉（Candela, cd）

　　光源在某一方向之立體角內光通量之大小。

$$光強度＝光通量（流明）／立體角$$

3. 亮度（輝度）（Luminance, L）＝坎德拉每平方米（nit＝cd／m^2）

　　一光源或一被照面（通常指不發光之反射物，有時以輝度表示）反射後發出之亮度，指其單位表面在某一方向上的光強度密度，也可說是人眼所感知此光源或被照面反射後之明亮程度。

$$亮度[cd／m^2]＝光強度[cd]／所見之被照面面積[m^2]$$

4. 照度（Illuminance, E）＝勒克斯（Lux, lx）

　　受照平面上接受光通量的密度，即光通量與被照面積之比值。1 lux之照度為1流明之光通量均勻分布在面積為一平方米之區域。

$$E＝\frac{\Phi}{A}＝\frac{入射於面積A的光通量(1m)}{單位面積A(m^2)}$$

5. 光度量與輻射量之換算

　　任一光度量與其相對應之輻射量，其換算關係為：

$$光度量＝K(\lambda)×輻射量$$

　　人眼在明視覺下，最大感應波長為$\lambda m＝555nm$，輻射強度為1／683W的單色光所對應的光通量為1 lm，因此最大光視效能$Km＝683lm／W$。人眼在暗視覺下，最大感應波長為$\lambda m'＝507\ nm$，經過明視覺與暗視覺敏感度差異的換算，得到$Km'＝1700\ lm／W$。

在人眼視覺系統的研究或與照度有關的研究中，通常使用亮度（或輝度，物體表面發射的光度量），而不用照度（到達人眼表面的光度量）。亮度是立體角之函數。假設一面積為A之平面光源，經過眼球的水晶體成像在視網膜上，視網膜單位面積的受光強度與光源表面單位面積的能量直接相關。當光源與鏡頭距離增加時，光源到眼球的立體角變小（距離平方成反比），但在眼球水晶體的另一端視網膜上的影像，立體角也隨之變小，單位面積的視網膜受光強度維持不變。此即幾何光學上的輻射能量守恆定律，意即光源的輻射通過光學鏡頭，在成像面單位面積的輻射能量守恆與距離無關。因此，當我們注視一光源時（須有相當面積，例如平面日光燈，若太小即變成點光源，不適用此討論），不論距離遠近，眼睛看到光源表面的亮度均同。LCD顯示器的亮度即為其特性規格之一，因為觀察者不論遠近，所見顯示器的亮度均相同。

6.4 色彩量測儀器（Instrument）

圖6-6為一典型的色彩量測儀器結構。其主要部分類似光譜分光儀，將光源或待測物體的光譜測出，然後與CIE1931標準之$\bar{x}$、$\bar{y}$、$\bar{z}$三刺激值光譜函數，作向量相乘後再對波長積分，分別得到X、Y、Z值，此即色彩量化之數值，稱為色度。XYZ值在儀器中可轉換為$L*u*v*$或$L*a*b*$之座標，提供不同之應用，如計算色差時的$\Delta E_{uv}*$或$\Delta E_{ab}*$等。

待測物體可以是自發光源，如發光二極體（LED）之彩色顯示屏幕，或是LCD與CRT之顯示器等。也可以是有顏色的反射物體，如待測的測試色票、紙張、布料、圖畫等。若為反射物體即為源的光譜

即為待測物光譜的成分之一，因此對於嚴謹的量測，必須採用標準光源。同理，不論是自發光源或反射物體，環境光源的干涉要儘量排除，故多使用燈光箱、積分球或暗房作為量測的環境設定。

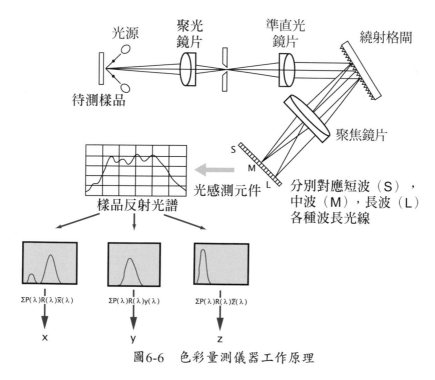

圖6-6 色彩量測儀器工作原理

此種量測儀器有幾項主要規格：波長精密度（或解析度）、波長精確度、量測曝光時間及亮度範圍：

1. 波長精密度的定義為光譜儀分光時的單位波長大小，取決於光學鏡頭的放大倍率與對應的感測器陣列像素點的大小。一般解析度可達 1nm（奈米，nanometer, 10^{-9}公尺）。

2. 儀器的波長精確度由機構的定位與校準決定。由於光感測元件的光電量子效率是波長的函數，故在儀器設計時需作校正。波長精確度有0.3 nm者，也有2 nm。

3. 量測曝光時間決定量測時間的長短。由光學鏡頭及感測元件的光電效率決定。一般儀器有短時間至10 msec（mili-second），及長時間至60 sec（一分鐘）者。

4. 亮度範圍決定於光學系統的光圈與感測元件的光電動態範圍。各種儀器有低至10^{-3}cd/m^2之數量級，至高達10^5cd/m^2之數量級。

　　以上所述為標準而精密之量測儀器。第二種為簡化的儀器設計，如**圖6-7**所示：入射光線經過三個光學濾光片後，照射到三個光電感測元件。濾光片的光譜分布相當於CIE1931之XYZ三刺激值之函數，如**圖6-8**所示。感測元件的訊號即直接代表XYZ值。以此作基礎即可轉換為其他座標系統如：$L*u*v*$或$L*a*b*$等。此設計的最大優點為不需使用精密的光譜分光儀，然而光學濾光片的光譜設計能符合CIE1931之三刺激值之光譜函數，困難度極高，此即其誤差所在，雖能經由校正而降低，但難以完全消除。此外，$\bar{x}$光譜函數中有兩個光譜分布，一在長波長處，即紅光位置，另一在短波長處，即藍綠光附近。將兩者設計在一片濾光片上，困難度高，故有用兩片濾光片取代$\bar{x}$光譜，連同$\bar{y}$及$\bar{z}$，共有四組濾光片和對應的感測器。

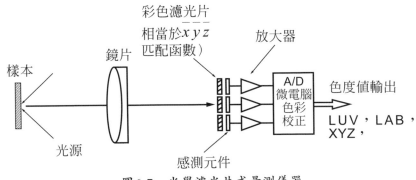

圖6-7　光學濾光片式量測儀器

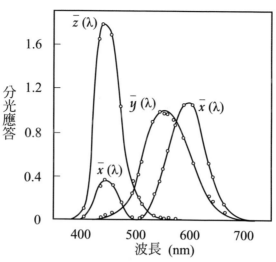

圖6-8　光學濾光片式量測儀器光譜分布設計

第三種設計仍然使用分光原理，以多片分光濾光片（multi-spectral color filter），每片涵蓋一小段光譜，整體即可涵蓋可見光範圍，以取代分光儀。根據研究，約7片至10片即可達到最佳化設計（optimal design），然而每片濾光片穿透光譜函數的設計與轉換為對應的$\bar{x}\,\bar{y}\,\bar{z}$數值，須經過複雜的數學分析與計算，以求得最佳化。這種濾光片通常設計為旋轉圓盤，使用同一感光元件以步進（stepping）方式每次轉動一濾光片來取得訊號，故操作較費時。此種設計與附屬的數學計算有類似光譜分光儀檢測的功能，可得到較好的光譜再現[註2]。

[註2] 光譜再現係指物理的光譜，不涉及人眼視覺，一般所稱之色彩再現，係指利用人眼的同色異譜特性，色彩看來相同，光譜未必相同。

此外，在色彩量測中，還有以下附屬儀器：

1. 面型色度量測儀

　　傳統的色度量測儀器，多為對一單點或小面積均勻色彩的量測，如**圖**6-9左圖。隨著影像顯示器及數位影像的發展，對於量測平面的色彩變化與分布之需求增加，如**圖**6-9右圖。此種面型的量測以CCD感測元件之數位相機為基礎，利用較接近$\overline{x}\,\overline{y}\,\overline{z}$之光譜設計作為彩色濾光片陣列，如同上述第二種設計，經訊號處理與校正後可獲得平面之色彩分布。若為更精確計，可用單色的數位相機，即黑白影像在鏡頭前加上多光譜頻段濾光片旋轉圓盤以獲取類似分光儀的數據，取得色彩量測值，如同上述第三種設計。

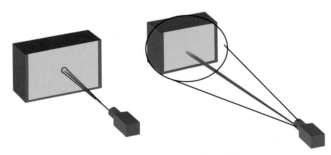

圖6-9　面型色度量測儀

2. 投光裝置

　　前曾述及，色彩量測時，若待測物為一反射體則需光源照射。照射的角度與儀器攝取的角度至為重要。當光源照射物體時，物體表面有部分光擴散（diffuse）或漫射，有部分光如鏡面般直接反射（specular），視物體表面光澤（gloss）程度而定。鏡面光反射的是光源的光譜，而非物體表面的反射光譜，故需避免進入測試儀器，以免影響量測結果。**圖**6-10上列兩圖，顯示兩種投光裝置方式，圖左光源垂直照射，成0°，而量測儀器成45°取像，以0/45表之。圖右光源為45°，而量測儀器成0°，以45/0表示。

3. 積分球

　　圖6-10之下列兩圖是將待測樣品封於積分球內，以免受到外在的環境光源干擾。圖左光源直接照射樣品，漫射光在積分球內多次反射，以形成各種角度入射量測儀器，造成均勻的反射光（此即lambertian reflectance）供量測之用。球內之擋板（baffle）乃為避免第一次反射即進入量測儀器影響均勻度。光源入口旁有一小蓋（sphere cap），入射光源照射到樣品的鏡面反射光直接反射到此，此蓋子可漆成黑色將光線吸收或打開將光線釋出，以避免光源的光譜混入樣本光譜中。下圖右是類似的設計，光源未直接照射樣品，而是先經過多次反射得到各種角度後，再均勻照射到樣本，反射進入檢測儀器。

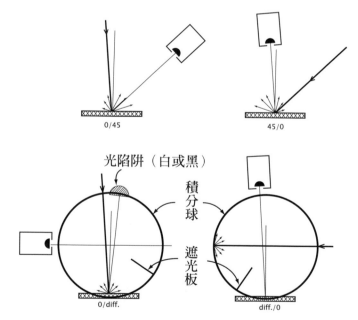

圖6-10　色彩測量時光源、樣品與感測儀器之放置方式

　　色彩是人眼視覺而產生，色彩量測的關鍵在於模擬人眼對色彩刺激的反應，此模擬的基礎即為CIE標準的色彩匹配函數（Color Matching Function），此函數亦為色度學的基礎。

參考書目

1. Wyszecki, G., and W. S. Stiles：*Color science：concepts and methods, quantitative data and formulae*, John Wiley & Sons, 2000.

2. Hunt, R. W. G., Measuring Colour, 3rd ed., Fountain Press, 1998.

3. Pratt, W. K.：*Digital Image Processing*, Chapter 3 Photometry and Colorimetry, 3rd ed. John Wiley & Sons, 2001.

4. Berns, R. S.：*Principle of Color Technology*, John Wiley & Sons, 2000.

第七章
顯示器色彩描述
與色彩空間變換

7.1 顯示器色光混色原理

從色彩科學的觀點來說，液晶顯示器LCD和陰極射線管CRT（Cathode Ray Tube）顯示器一樣，LCD也是採用色光加法中併置混色原理的方式產生顏色，但不像CRT採用螢光體發射色光，LCD是利用彩色濾光片在面板上的規則性排列發色，這種方式是目前平面顯示器的主流。

以TFT（薄膜電晶體；Thin Film Transistor）LCD來說，在TFT LCD的共同電極基板上，TFT陣列（TFT array）側的每一個畫素都配置有紅、綠、藍三原色之彩色濾光片，在背光板的白光光源與紅、綠、藍彩色濾光片的共同作用下，每個畫素陣列分別產生不同強弱程度的紅光、綠光和藍光，在面板外側人眼的觀看之下，三色光在人眼視網膜上產生視覺混色的效果。

接著介紹色光加法混色的主要依據：格拉斯曼法則（Grassman Law）。在色光混色實驗中，假設色光[F1]和色光[F2]等色，色光[F3]和色光[F4]等色，則以下的比例法則與加法法則成立。

1. 比例法則：當色光的強度增強（弱）為一定倍（α倍）時，等色關係仍然成立，也就是說以下的關係是成立的。

$$\alpha[F1]=\alpha[F2], \alpha[F3]=\alpha[F4] \quad\quad\quad\quad\quad（7\text{-}1）$$

2. 加法法則：色光加上互為等色的色光，所得到的色光仍然成立。亦即以下關係式成立。

$$[F1]+[F3]=[F2]+[F4], [F1]+[F4]=[F2]+[F3] \quad\quad（7\text{-}2）$$

以上兩個公式合稱為格拉斯曼法則（Grassman Law）。

　　從格拉斯曼法則可推演出**公式7-3**的色彩方程式（Color Equation），即當以混合量R、G、B對色光[R]、[G]、[B]進行混色時，混合色光[F]可以表示如下。

$$[F]=R[R]+G[G]+B[B] \dots\dots\dots\dots\dots\dots\dots\dots\dots（7\text{-}3）$$

　　公式7-3中的色光[R], [G], [B], [F]可以三刺激值、輝度或頻譜的型態代入表示。如以三刺激值代入**公式7-3**，即以混合量R, G, B進行[R], [G], [B]色光混色時，所得混合色光[F]三刺激值可利用以下公式求出。

$$\begin{bmatrix} X_F \\ Y_F \\ Z_F \end{bmatrix} = \begin{bmatrix} X_R & X_G & X_B \\ Y_R & Y_G & Y_B \\ Z_R & Z_G & Z_B \end{bmatrix} \begin{bmatrix} R \\ G \\ B \end{bmatrix} \dots\dots\dots\dots\dots\dots\dots（7\text{-}4）$$

　　其中$[X_F, Y_F, Z_F]$, $[X_R, Y_R, Z_R]$, $[X_G, Y_G, Z_G]$, $[X_B, Y_B, Z_B]$分別代表色光[R], [G], [B], [F]的三刺激值。[R], [G], [B]之三原色色光符合格拉斯曼法則的顯示器，即為遵循色光加法法則與比例法則運作的理想顯示器。

　　[R], [G], [B]為加法混色理論之三原色色光，而三原色色光比例量分別為R, G, B時，若R, G, B皆為等量（i.e., $R=G=B=1$），則混合色光為白光，即公式7-5所示：

$$[W]=[R]+[G]+[B] \dots\dots\dots\dots\dots\dots\dots\dots\dots（7\text{-}5）$$

　　若三原色光比例量R, G, B不相等，則產生的混合色光[F]共有以下6種關係組合：

$$R>G>B$$
$$R>B>G$$
$$G>R>B \dots\dots\dots\dots\dots\dots\dots\dots\dots\dots\dots（7\text{-}6）$$

$$G>B>R$$
$$B>R>G$$
$$B>G>R$$

接下來將對這些混色關係在CIE-xy色度圖上進行說明。首先，以$R>G>B$為例，根據公式7-5之定義，可將三原色的關係表示如**圖7-1**所示：

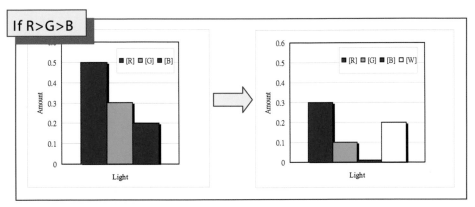

圖7-1　三色光不等量混色（以$R>G>B$為例）

圖7-1表示在[R]、[G]、[B]三色光混色時，比例量分別為$R>G>B$的情形。根據**公式7-5**的定義，等比例量混合的色光為白光，其餘之色光將混合成新的混合色光$[F_o]$，根據格拉斯曼法則（Grassman Law）之定義，可推導出三色光的混合情形與色光$[F_o]$加上白光[W]所混色的結果互為等價。下列以數學式說明：

當$R>G>B$時，

$$[F]=R[R]+G[G]+B[B]$$
$$=(R-G)[R]+(G-B)[G]+B([R]+[G]+[B])$$
$$=(R-G)[R]+(G-B)[G]+B[W]$$
$$=[F_o]+B[W] \dotfill （7-7）$$

　　因此，色光[F]可視為由色光[F$_0$]加上[W]所形成的顏色，故[F]較[F$_0$]明亮、純度較低。

　　色光[F$_0$]在CIE-xy色度圖上的位置，可以直接利用色光[R]、[G]兩色度點進行直線連接。根據格拉斯曼法則定義，色光[F$_0$]必定是落於[R]、[G]的連線上，又因混合量$R>G$推論得知，[F$_0$]是落於[R]、[G]直線上較接近[R]色度點之線段中。

　　根據以上推論，將可大致上求得色光[F]在色度圖上的位置，如**圖7-2**所示，色光[F]大約落於由[R]、[Y]、[W]三色度點所圍成的三角形內部。

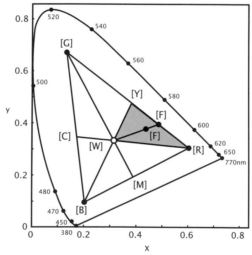

圖7-2　色光加法混合情形（以$R>G>B$爲例）

1. 三刺激值（Tristimulus values）與色度值（chromaticity value）

　　色彩以數值定量化的基本表示方法，一般是採用國際照明委員會CIE所制定的三刺激值（X, Y, Z）表示法。以LCD爲例，在面板上某一色塊（畫素）發射色光所對應之三刺激值（X_L, Y_L, Z_L）可以表爲以下公式。

$$X_L = k_m \int_{\text{vis}} P(\lambda) \bar{x}(\lambda) d\lambda$$

$$Y_L = k_m \int_{\text{vis}} P(\lambda) \bar{y}(\lambda) d\lambda \ \text{................................}（7\text{-}8）$$

$$Z_L = k_m \int_{\text{vis}} P(\lambda) \bar{z}(\lambda) d\lambda$$

在**公式**7-8中，$P(\lambda)$為某一色光之頻譜分布，對LCD而言，$P(\lambda)$代表LCD面板內部某一彩色濾光片與背光板光源等元件的綜合頻譜分布。$\bar{x}(\lambda)$, $\bar{y}(\lambda)$, $\bar{z}(\lambda)$為CIEXYZ色度系統之配色函數。k_m為一常數，對光源色而言，k_m定義為人眼最大光視效能683 lm/w。**公式**7-8所代表的意義為三刺激值（X_L, Y_L, Z_L）等於某一色光之頻譜分布$P(\lambda)$與CIE配色函數$\bar{x}(\lambda)$、$\bar{y}(\lambda)$、$\bar{z}(\lambda)$在可見光波長區（下標字vis代表380～780nm的可見光波長範圍）的積分作用。

對平面顯示器而言，三刺激值中的Y_L代表發光亮度，其單位為cd/m^2，一般來說，平面顯示器最大發光亮度值為在該螢幕畫面上顯示白色色塊（i.e., $(R, G, B)=(255, 255, 255)$）時所測量的$Y_L$值。

三刺激值XYZ的概念對於色彩的定量化表示有很大的貢獻，但是，三刺激值定義下的三度空間表示方法並不容易解析，因此，CIE另外制定了一種二維平面的色彩表示法，稱作CIE-xy色度圖，某一色彩在CIE-xy色度圖所對應的色度座標（x, y）稱為該色彩的色度值。

平面顯示器如果遵循上述色光加法混色的定義，在表現不同亮度下等比例間隔的三原色RGB訊號時，該顯示器之[R]、[G]、[B]3原色在CIE-xy色度圖上的色度座標位置應為三個固定色點，此三個色點位置不會隨著亮度的變化而移動。亦即各原色的輸入訊號強弱對於色光本身的色度值並不會產生改變，這種現象稱為「色度恆常性」（Chromaticity Constancy）。

　　根據理想顯示器上有彩度與中性色色階的定義，亦應遵循「色度恆常性」，即色光[R]、[G]、[B]等比例增加時，與等比例的[R]、[G]、[B]色光進行加成時，皆應在CIE-xy二維色度圖上形成穩定的固定色點位置。

　　但是，在LCD顯示器上會有一種稱作「黑色浮底」的現象發生。當色彩輸入訊號為黑色（i.e., $(R, G, B)=(0, 0, 0)$）時，在LCD面板上原本應無任何刺激量的反應發生，此時，卻溢出少許刺激量的現象，稱之為黑色浮底。對於LCD而言，在暗室內對LCD進行色度測量時，黑色浮底的發生並不是由於外來環境光源所影響，而是由面板內部少許訊號互相干擾（Inter-Reflection Flare），與大部分的漏光（Light Leaking）所造成的結果。造成LCD黑色浮底與其內部電路構成和液晶分子排列有關。其中，串音（Cross Talk）可視為面板內部元件所生成的一種雜訊，它可分類為由彩色濾光片反應不完全所導致「光學性串音雜訊」及由透明電極之間所導致的「電流性串音」。

　　在實際的LCD中，考慮黑色浮底的影響，線性色彩訊號值（RGB）與混合色[F]三刺激值（XYZ）的關係可以修正為以下公式。

$$\begin{bmatrix} X_F \\ Y_F \\ Z_F \end{bmatrix} = \begin{bmatrix} X_R & X_G & X_B \\ Y_R & Y_G & Y_B \\ Z_R & Z_G & Z_B \end{bmatrix} \begin{bmatrix} R \\ G \\ B \end{bmatrix} + \begin{bmatrix} X_0 \\ Y_0 \\ Z_0 \end{bmatrix} \quad\text{（7-9）}$$

　　公式7-9的$[R, G, B]$表示LCD中輸入畫素的線性訊號混合量，$[X_F, Y_F, Z_F]$表示輸入畫素對應的三刺激值，$[X_i, Y_i, Z_i]$（$i=R, G, B$）分別表示[R], [G], [B]原色三刺激值，$[X_0, Y_0, Z_0]$表示發生黑色浮底時的測量三刺激值。

7.2 階調與色域

階調與色域為評估顯示器色彩品質的兩項重要項目，以下詳細介紹它們的意義。

1. 階調

平面顯示器的階調特性是指畫面再現紅、綠、藍色階時，不同色階與亮度的關係；一般是使用「γ曲線」、「階調複製曲線」（TRC；Tone Reproduction Curve）或「光電轉換函數」（OETF；Optoelectronic Transfer Function）等名稱來描述。γ（gamma）的語源，原是用以表示照相階調特性中，描繪曝光量對數值（logE）和濃度（D）間的對數空間所構成曲線之直線斜率，此觀念後來進一步應用於CRT。為了描述CRT的階調特性，利用乘冪函數來表示RGB輸入訊號值與對應每個單獨螢光體發光亮度值之間的關係；顯示系統的原始γ特性均大於1，一般來說廠商會因使用不同的目的調整至1.8～2.4之間。

在過去，LCD顯示器的階調特性較不規則，無法像CRT一般使用簡單的乘冪函數來表示，因此，LCD是使用其它非線性型態的「階調複製曲線」或「光電轉換函數」的名稱來取代「γ曲線」。「階調複製曲線」原是用來表示印刷輸出物的階調特性，在顯示器產業中，則被通稱表示顯示器輸入訊號與發光輝度之間的階調關係，如圖7-3的LCD測量實例所示，它是由面板的最小到最大色階值的訊號強度與發光輝度之間實際測量形成的曲線，即為該面板的「階調複製曲線」。另外，「光電轉換函數」則是用以表示光電顯示裝置的光電特性，即RGB輸入訊號值和三原色單獨發光量（透光

量）的關係；在目前的LCD面板來說，「γ曲線」、「階調複製曲線」和「光電轉換函數」均可視為相同意義。

　　如試著將LCD的光電轉換函數簡單描述成$Y=X^\gamma$之方程式，其中，X代表訊號量；Y代表發光強度；則指數部分的γ稱為該顯示器的γ值。即對於LCD螢幕來說，我們也可以用曲線的概念來描述其階調特性。

　　顯示器中[R], [G], [B]三原色γ曲線的γ值的計算，是利用$Y=X^\gamma$之方程式型態對於一連串測量獲得的亮度樣本點進行曲線擬合（Curve Fitting），此時的亮度樣本點之X軸為N點的正規化訊號量$X(I)$，（$I=1\sim N$）（名稱為Normalized Digital Counts或Normalized Gray Levels）；Y軸為正規化亮度值$Y_s(I)$，（$I=1\sim N$）（名稱為Normalized Luminance Values）。

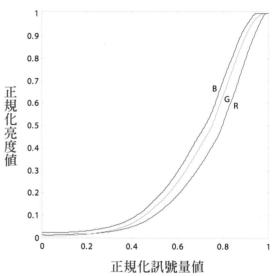

圖7-3　LCD顯示器階調特性曲線測量實例

2. 色域（Color Gamut）

　　色域的意義為色料（Colorant）、影像輸出／輸入設備與成像系統等所能表現色彩之最大範圍。例如：為了能夠精確表示平面顯示器的色域，需選定一個適當的色度圖或色彩空間來表示。

　　一般平面顯示器的色域是採用CIE-xy色度圖上[R]、[G]、[B]三原色色度座標構成的三角形來決定。當色域面積愈大時，代表所

能「容納」的顏色愈多，因此，像是以追求鮮豔色彩表現為前提的液晶電視，三角形色域範圍則盡可能愈大愈好。

圖7-4顯示為sRGB螢幕在CIE-xy色度圖與CIE-xyY色度空間之色域模擬結果。當一顯示設備完成其2維或3維色域視覺化後，可以進一步利用色域面積或色域體積的概念來進行所能「容納」顏色的評估。

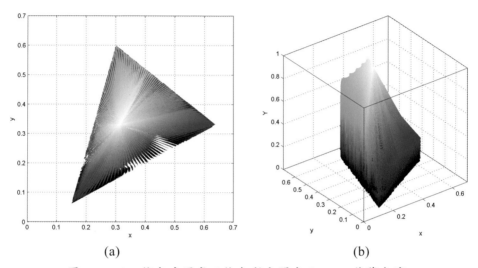

(a)   (b)

圖7-4　以二維色度圖或三維色彩空間表示sRGB螢幕色域
(a)CIE-xy色度圖，(b)CIE-xyY色彩空間

一般評估平面顯示器色域大小最簡單的方法是以CIE-xy色度圖為依據，以NTSC（National Television Standards Committee）標準中所規定的三原色色域面積為分母，該顯示器三原色可顯示的色域面積為分子去求百分比比值。當所占比例面積愈大時，則表示實際面板所能容納的色彩愈多。一般而言，LCD顯示器色域約NTSC三角形的60～72%；LCD電視則約NTSC三角形的72%以上；作為電腦顯示器標準的sRGB螢幕則約NTSC三角形72%。

使用CIE xy色度圖描述顯示器色域的方法雖然簡單易懂，但請特別注意它不是正確人眼視覺感知的色域面積，因為CIE-xy色度圖不是

一個均等色度圖，即如果要正確描述人眼視覺感知的顯示器色域或顏色，建議使用均等色度圖（例如：CIE-*u′v′*色度圖）或均等色彩空間（例如：CIELAB色彩空間、CIELUV色彩空間），我們將在第7.4節繼續介紹這些色彩空間下色域描繪方法。

7.3 顯示器色彩變換與計算

對於顯示設備而言，機器是只接受RGB電子訊號，隨著RGB訊號量的強弱發射出不同程度的RGB色光，進而混色形成新的色光進入人眼產生色刺激，此色刺激經由視神經傳遞到大腦形成色覺（Color Sensation），此種色覺我們可以利用色彩三屬性色相*h*、明度*L*及彩度*C*來定量描述之。

為了描述這一連串顯示系統的色彩變換之過程，這裡將其過程整理成**圖7-5**，它是由以下步驟所構成：

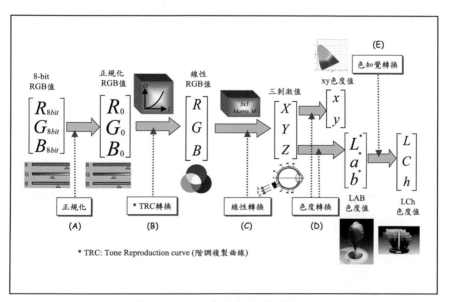

圖7-5　顯示系統色彩變換流程

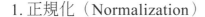

1. 正規化（Normalization）

8-bit RGB訊號$[R_{8\text{-bit}}\ G_{8\text{-bit}}\ B_{8\text{-bit}}]$正規化成0～1範圍之正規化RGB訊號$[R_0\ G_0\ B_0]$（Normalized RGB）。

$$I_0 = I/255 \quad \text{where } I = R_{8\text{-bit}}, G_{8\text{-bit}}, B_{8\text{-bit}} \quad \text{.................................}（7\text{-}10）$$

2. TRC轉換（TRC Transformation）

TRC代表階調複製曲線（Tone-Reproduction-Curve）之意，用來描述顯示系統中輸入訊號值與發光亮度輸出值之間的關係。TRC轉換實施於$[R_0\ G_0\ B_0]$與$[R\ G\ B]$之間，這裡，$[R\ G\ B]$代表線性RGB訊號量，它被限制0～1範圍之間。經過TRC轉換獲得的線性RGB訊號量，可視為RGB色刺激的混合量（Mixture Amount），它與所對應的三刺激值之間，可利用一個既定的3×3矩陣來描述它們的線性關係。

對於顯示器而言，我們也可以用γ曲線來描述其[R]，[G]，[B]頻道階調的特性。

$$
\begin{aligned}
R &= (R_0)^{\gamma_R} \\
G &= (G_0)^{\gamma_G} \quad \text{...}（7\text{-}11）\\
B &= (B_0)^{\gamma_B}
\end{aligned}
$$

式中的γ_R，γ_G，γ_B分別對應該顯示器[R]，[G]，[B]的γ曲線之γ值。

3. 線性轉換（Linear Transformation）

線性轉換是利用一個3×3矩陣，在線性訊號量[R G B]與三刺激值[X Y Z]之間進行線性變換。這裡的3×3矩陣可以進一步利用顯示器的[R], [G], [B], [W]和[K]（i.e.紅，綠，藍，白，黑色）的測量色度值計算求得（IEC）。

以下介紹顯示器系統線性變換的原理，依照格拉斯曼法則（i.e.色光的加法法則與比例法則），顯示器顯示色塊的線性訊號量[R G B]與三刺激值[X Y Z]之間可以利用以下公式進行線性變換。

$$\begin{bmatrix} X \\ Y \\ Z \end{bmatrix} = M \begin{bmatrix} R \\ G \\ B \end{bmatrix} + \begin{bmatrix} X_K \\ Y_K \\ Z_K \end{bmatrix}$$

$$= \begin{bmatrix} X_R & X_G & X_B \\ Y_R & Y_G & Y_B \\ Z_R & Z_G & Z_B \end{bmatrix} \begin{bmatrix} R \\ G \\ B \end{bmatrix} + \begin{bmatrix} X_K \\ Y_K \\ Z_K \end{bmatrix} \quad \text{...............................（7-12）}$$

其中，$[X_K\ Y_K\ Z_K]$代表黑色色塊（i.e. 8-bit訊號量＝(0, 0, 0)）三刺激值。從式中構造可以得知；當3×3矩陣M與$[X_K\ Y_K\ Z_K]$為已知時，則可決定線性訊號量$[R\ G\ B]$與三刺激值$[X\ Y\ Z]$之間的變換。如果顯示器三原色[R], [G], [B]的色度座標$[x_i\ y_i\ z_i]$（$i=R, G, B$）、參考白三刺激值$[X_W\ Y_W\ Z_W]$與黑色色塊三刺激值$[X_K\ Y_K\ Z_K]$為已知，上述矩陣M可以進一步推論如下：

$$\begin{bmatrix} X_R & X_G & X_B \\ Y_R & Y_G & Y_B \\ Z_R & Z_G & Z_B \end{bmatrix} = \begin{bmatrix} x_R & x_G & x_B \\ y_R & y_G & y_B \\ z_R & z_G & z_B \end{bmatrix} \begin{bmatrix} S_R & 0 & 0 \\ 0 & S_G & 0 \\ 0 & 0 & S_B \end{bmatrix} \quad \text{............（7-13）}$$

其中，色度座標$[x_i\ y_i\ z_i]$（$i=R, G, B$）與三刺激值$[X_i\ Y_i\ Z_i]$（$i=R, G, B$）之間的關係表示如下：

$$x_i = X_i / (X_i + Y_i + Z_i)$$
$$y_i = Y_i / (X_i + Y_i + Z_i) \quad \text{..（7-14）}$$
$$z_i = Z_i / (X_i + Y_i + Z_i) = 1 - x_i - y_i$$

另外，S_R, S_G, S_B分別表示三原色[R], [G], [B]的三刺激和。

$$S_R = X_R + Y_R + Z_R$$
$$S_G = X_G + Y_G + Z_G \quad \cdots\cdots\cdots\cdots\cdots\cdots\cdots\cdots\cdots\cdots\cdots\cdots\cdots (7\text{-}15)$$
$$S_B = X_B + Y_B + Z_B$$

利用**公式7-13**取代**公式7-12**中的3×3矩陣位置之後，可以描述成**公式7-16**：

$$\begin{bmatrix} X \\ Y \\ Z \end{bmatrix} = \begin{bmatrix} x_R & x_G & x_B \\ y_R & y_G & y_B \\ z_R & z_G & z_B \end{bmatrix} \begin{bmatrix} S_R & 0 & 0 \\ 0 & S_G & 0 \\ 0 & 0 & S_B \end{bmatrix} \begin{bmatrix} R \\ G \\ B \end{bmatrix} + \begin{bmatrix} X_K \\ Y_K \\ Z_K \end{bmatrix} \quad \cdots\cdots (7\text{-}16)$$

由於LCD面板的黑色色塊[K]具有些微的漏光刺激量$[X_K \ Y_K \ Z_K]$，因此，參考白[W]色刺激值可以視為[R], [G], [B]色刺激值與黑色色塊[K]色刺激值的總和。即[W]三刺激值與[R], [G], [B], [K]三刺激值存在以下關係式：

$$X_W = (X_R + X_G + X_B) + X_K = (x_R S_R + x_G S_G + x_B S_B) + X_K$$
$$Y_W = (Y_R + Y_G + Y_B) + Y_K = (y_R S_R + y_G S_G + y_B S_B) + Y_K \quad \cdots\cdots (7\text{-}17)$$
$$Z_W = (Z_R + Z_G + Z_B) + Z_K = (z_R S_R + z_G S_G + z_B S_B) + Z_K$$

將上式整理成矩陣形式成為：

$$\begin{bmatrix} X_W \\ Y_W \\ Z_W \end{bmatrix} = \begin{bmatrix} x_R & x_G & x_B \\ y_R & y_G & y_B \\ z_R & z_G & z_B \end{bmatrix} \begin{bmatrix} S_R \\ S_G \\ S_B \end{bmatrix} + \begin{bmatrix} X_K \\ Y_K \\ Z_K \end{bmatrix} \quad \cdots\cdots\cdots\cdots\cdots\cdots\cdots (7\text{-}18)$$

然後把上式的$[X_K \ Y_K \ Z_K]^T$移至等式左邊，可整理成如下矩陣：

$$\begin{bmatrix} X_W - X_K \\ Y_W - Y_K \\ Z_W - Z_K \end{bmatrix} = \begin{bmatrix} x_R & x_G & x_B \\ y_R & y_G & y_B \\ z_R & z_G & z_B \end{bmatrix} \begin{bmatrix} S_R \\ S_G \\ S_B \end{bmatrix} \quad \cdots\cdots\cdots\cdots\cdots\cdots\cdots (7\text{-}19)$$

將**公式7-19**兩側同乘上$[x_i\ y_i\ z_i]^T$（$i=R,\ G,\ B$）的反矩陣後，則三刺激和$[S_R\ S_G\ S_B]^T$可以表示成**公式7-20**：

$$\begin{bmatrix} S_R \\ S_G \\ S_B \end{bmatrix} = \begin{bmatrix} x_R & x_G & x_B \\ y_R & y_G & y_B \\ z_R & z_G & z_B \end{bmatrix}^{-1} \begin{bmatrix} X_W - X_K \\ Y_W - Y_K \\ Z_W - Z_K \end{bmatrix} \quad\cdots\cdots\cdots\cdots\cdots\cdots\cdots\cdots\cdots \text{（7-20）}$$

因此，線性訊號量$[R\ G\ B]$與三刺激值$[X\ Y\ Z]$之間的線性變換計算，是利用**公式7-20**求得三刺激和$[S_R\ S_G\ S_B]^T$，再將$[S_R\ S_G\ S_B]^T$代入**公式7-18**整理後描述之。

以下列舉實例說明本步驟的計算。

例題 7-1

計算依據sRGB規格下製作之面板線性轉換矩陣M_{sRGB}與其反矩陣M_{sRGB}^{-1}。

 sRGB規格之紅色[R]，綠色[G]，藍色[B]三原色xy色度值分別定義爲$(x_R, y_R)=(0.6391, 0.3392), (x_G, y_G)=(0.2718, 0.6145), (x_B, y_B)=(0.1453, 0.0585)$，白點色溫值規定爲6500K，亮度值（cd/m²）爲80cd/m²，所以白色[W]的(x, y, Y)值爲$(x_{W0}, y_{W0}, Y_{W0})=(0.3127, 0.3290, 80.0)$；假設在面板無漏光的條件下定義出黑色[K]的$(x, y, Y)$值爲$(x_{K0}, y_{K0}, Y_{K0})=(0.3127, 0.3290, 0.0)$。

首先，我們先整理一下色度座標→三刺激值的換算公式，假設面板亮度值Y爲V（cd/m^2），按照以下公式，可將[W]的（x, y, Y）值變換成爲三刺激值（X, Y, Z）。

$$X = \frac{x}{y}V$$
$$Y = V \dots\dots\dots\dots\dots\dots\dots\dots\dots\dots\dots\dots\dots\dots\dots\dots \text{（7-21）}$$
$$Z = \frac{z}{y}V = \frac{1-x-y}{y}V$$

於是，計算獲得的面板[W]、[K]的實際絕對三刺激值（cd/m^2）表示如下：

$$(X_{W0}, Y_{W0}, Z_{W0})=(76.0, 80.0, 87.1)\dots\dots\dots\dots\dots\dots \text{（7-22）}$$
$$(X_{K0}, Y_{K0}, Z_{K0})=(0.0, 0.0, 0.0)\dots\dots\dots\dots\dots\dots\dots \text{（7-23）}$$

接著將[W]、[K]的（X, Y, Y）值均以白色最大亮度值Y_{W0}爲基準進行正規化，可以獲得如下正規化三刺激值：

$$(X_W, Y_W, Z_W)=(X_{W0}/Y_{W0}, Y_{W0}/Y_{W0}, Z_{W0}/Y_{W0})$$
$$=(0.9504, 1.0000, 1.0889) \dots\dots\dots\dots\dots \text{（7-24）}$$
$$(X_K, Y_K, Z_K)=(X_{K0}/Y_{W0}, Y_{K0}/Y_{W0}, Z_{K0}/Y_{W0})$$
$$=(0.0, 0.0, 0.0) \dots\dots\dots\dots\dots\dots\dots\dots \text{（7-25）}$$

利用上述sRGB面板的(x_R, y_R), (x_G, y_G), (x_B, y_B), (X_W, Y_W, Z_W), (X_K, Y_K, Z_K)數值，代入公式7-16，即可求得具有以下關係的線性轉換矩陣M_{sRGB}，來描述sRGB面板之線性訊號量[R G B]到三刺激值[$X Y Z$]的變換關係（參照公式7-26）。

$$\begin{bmatrix} X \\ Y \\ Z \end{bmatrix} = M_{sRGB}\begin{bmatrix} R \\ G \\ B \end{bmatrix} + \begin{bmatrix} X_K \\ Y_K \\ Z_K \end{bmatrix} \quad \text{(7-26)}$$

$$M_{sRGB} = \begin{bmatrix} 0.4123 & 0.3576 & 0.1805 \\ 0.2126 & 0.7152 & 0.0722 \\ 0.0193 & 0.1192 & 0.9504 \end{bmatrix} \quad \text{(7-27)}$$

我們亦可進一步求得線性轉換矩陣M_{sRGB}的反矩陣M_{sRGB}^{-1}，來描述sRGB面板之三刺激值$[X\ Y\ Z]$到線性訊號量$[R\ G\ B]$的變換關係（參照公式7-28，公式7-29）。

$$\begin{bmatrix} R \\ G \\ B \end{bmatrix} = M_{sRGB}^{-1}\begin{bmatrix} X - X_K \\ Y - Y_K \\ Z - Z_K \end{bmatrix} \quad \text{(7-28)}$$

$$M_{sRGB}^{-1} = \begin{bmatrix} 3.2413 & -1.5375 & -0.4987 \\ -0.9692 & 1.8759 & 0.0416 \\ 0.0559 & -0.2040 & 1.0572 \end{bmatrix} \quad \text{(7-29)}$$

例題 7-2

計算Adobe RGB規格下製作面板的線性轉換矩陣M_{Adobe}與其反矩陣M_{Adobe}^{-1}。

解 計算過程如上推導；計算獲得Adobe RGB面板的矩陣M_{Adobe}與其反矩陣M_{Adobe}^{-1}內容如下：

$$M_{Adobe} = \begin{bmatrix} 0.5766 & 0.1856 & 0.1882 \\ 0.2973 & 0.6274 & 0.0753 \\ 0.0270 & 0.0707 & 0.9912 \end{bmatrix} \quad \text{(7-30)}$$

$$M_{Adobe}^{-1} = \begin{bmatrix} 2.0417 & -0.5650 & -0.3448 \\ -0.9692 & 1.8759 & 0.0416 \\ 0.0134 & -0.1184 & 1.0153 \end{bmatrix} \quad\text{.......................}\quad (7\text{-}31)$$

4. 色度轉換（Chromaticity Transformation）

依照不同的使用目的，三刺激值[X Y Z]可進一步變換成[x y Y]或[$L*a*b*$]，這裡的[x y Y] 為CIE（x, y, Y）色度值，[$L*a*b*$]為CIELAB均等色度座標。其中，XYZ三刺激值到$L*$ $a*$ $b*$色度值的轉換可以利用**公式7-32**與**公式7-33**表示。

$$L* = 116\,f(Y/Y_n) - 16$$
$$a* = 500\{f(X/X_n) - f(Y/Y_n)\} \quad\text{...}\quad (7\text{-}32)$$
$$b* = 200\{f(Y/Y_n) - f(Z/Z_n)\}$$
$$f(I/I_n) = (I/I_n)^{1/3}, \quad where \quad I/I_n > 0.008856$$
$$f(I/I_n) = 7.787(I/I_n) + 16/116, \quad where \quad I/I_n \leq 0.008856 \text{....} \quad (7\text{-}33)$$

式中的I/I_n代表X/X_n, Y/Y_n, Z/Z_n的任何其一，X, Y, Z為物體（i.e.面板顯示色塊）三刺激值，X_n, Y_n, Z_n為基準白（i.e.面板白色色塊）三刺激值。

5. 色知覺轉換（Color Perception Transformation）

色知覺轉換步驟是將[$L*$ $a*$ $b*$]轉換成[L C h]，其中，[L C h]代表明度，彩度，色相之色知覺屬性值。[$L*$ $a*$ $b*$]轉換到[L C h]的$C_{ab}*$與h_{ab}公式表示如下：

$$C_{ab}* = \{(a*)^2 + (b*)^2\}^{1/2} \quad\text{...}\quad (7\text{-}34)$$
$$h_{ab} = \tan^{-1}(b*/a*) \quad\text{...}\quad (7\text{-}35)$$

在**公式7-34**的h_{ab}計算為$a*>0$，$b*>0$的情況，如果a，b為其他正負值之組合，則將（$b*/a*$）取絕對值處理後，再依其所座落之象限位置調整為適當的角度。

假設在相同發光亮度條件下（例如：發光亮度80cd/m^2），sRGB與Adobe RGB面板系統中色度變換數字實例（8-bit RGB值→LCh值）列舉於**圖7-6**與**圖7-7**。圖中/1/, /2/, /3/, /4/, /5/, /6/, /7/記號分別表示：

/1/：8-bit RGB訊號量[$R_{8\text{-bit}}$ $G_{8\text{-bit}}$ $B_{8\text{-bit}}$]

/2/：正規化RGB訊號量[R_0 G_0 B_0]

/3/：線性RGB訊號量[R G B]

/4/：三刺激值[X Y Z]

/5/：色度座標[x y]

/6/：LAB色度值[$L*$ $a*$ $b*$]

/7/：LCh色度值[L C h]

這裡，sRGB螢幕TRC轉換用之γ值採用sRGB規格定義下之兩段式變換，Abobe RGB螢幕TRC轉換用之γ值定義為2.2。從這兩組數字實例我們可以觀察到：雖然輸入的8-bit RGB訊號量同為[237 107 158]，因為於變換過程中兩片面版的TRC曲線與3×3變換矩陣內容均為不同，導致輸出的LCh色度值並不一致（i.e. [L C h]$_{sRGB}=$ [62.5 55.3 357.1]，[L C h]$_{\text{Adobe RGB}}=$[67.4 65.5 2.8]），大略可說明為什麼相同的輸入色彩訊號（8-bit RGB值）進入兩塊不同色度規格、不同γ規格的螢幕所見得之色彩（LCh值）不同的原因。

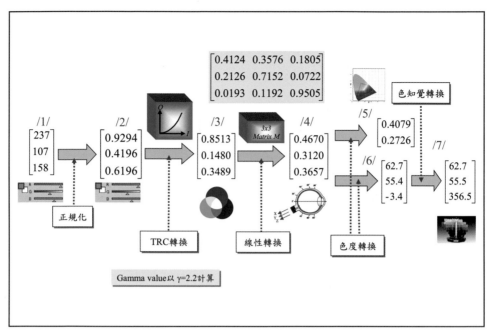

圖7-6　sRGB面板系統色彩變換例（8-bit RGB值→LCh值）

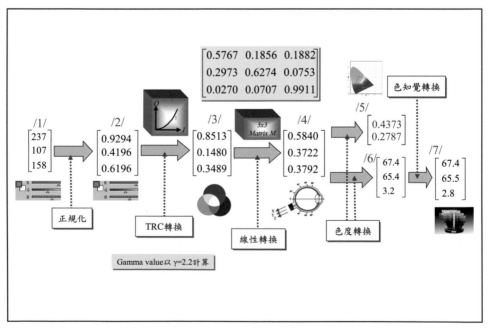

圖7-7　Adobe RGB面板系統色彩變換例（8-bit RGB值→LCh值）

7.4 顯示設備色域視覺化

以sRGB螢幕為例，以下我們試分析已知的顯示系統之2-D和3-D色域，在CIE XYZ, xyY, LAB, LCh色彩空間的條件下。

對於顯示系統，在幾個詳細色彩空間中的色域邊界組成整理於**表7-1**中。以RGB空間當作一個例子，一個RGB色彩立方體由12個分界線所組成（[K]--[R], [R]--[M], [M]--[B], [B]--[K], [K]--[R], [G]--[Y], [Y]--[W], [W]--[C], [C]--[G], [B]--[C], [K]--[G], [R]--[Y], [W]--[M]）（參照**圖7-8**），假使[K]--[R]的（R_0, G_0, B_0）數據是由（J, 0, 0）定義，而J在0.0～1.0的有效範圍內，ΔJ=0.01的間隔，此外（J, 0, 0）在RGB色彩空間可被視為[K]--[R]的軌跡，其它色域界線也可藉由相同的方式產生。

表7-1　在特定色彩空間中顯示器的色域邊界組成

NO.	色域邊界	RGB 空間	XYZ 空間	xyY 空間	LAB 空間	LCh 空間
1	[K]--[R]	V	V	V	V	V
2	[R]--[M]	V	V	V	V	
3	[M]--[B]	V	V	V	V	
4	[B]--[K]	V	V	V	V	
5	[G]--[Y]	V	V	V	V	
6	[Y]--[W]	V	V	V	V	V
7	[W]--[C]	V	V	V	V	V
8	[C]--[G]	V	V	V	V	
9	[B]--[C]	V	V	V	V	
10	[K]--[G]	V	V	V	V	V

(續前表)

NO.	Boundary	RGB space	XYZ space	xyY space	LAB space	LCH space
11	[R]--[Y]	V	V	V	V	
12	[W]--[M]	V	V	V	V	V
13	[W]--[K]			V	V	
14	[K]--[C]			V	V	V
15	[K]--[M]			V	V	V
16	[K]--[Y]			V	V	V
17	[W]--[R]			V	V	V
18	[W]--[G]			V	V	V
19	[W]--[B]			V	V	V
邊界線數		12	12	19	19	12

假如色域界線的（R, G, B）數據被獲得，CIE XYZ/xyY/LAB/LCh的數據可藉由上節所述的影像顯示系統的色彩轉換計算而得。

有兩種色彩數據分別定義為位置數值（address data）和著色數值（coloring data），而這是為了敘述色域的需要，位置數值是畫在知道的色彩空間（如XYZ色彩空間），而著色數值畫在真實的色彩範圍內。在這裡，位置數值在色域描中是由$[R_0, G_0, B_0]^T$的形式定義。著色數值將利用Matlab語言內建的函式「colormap」，全部的色域描述藉由Matlab 6.5數值分析軟體進行發展。

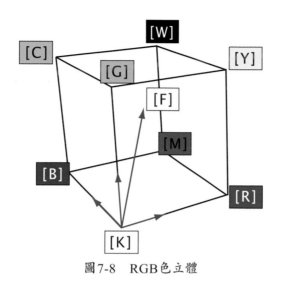

圖7-8　RGB色立體

　　sRGB螢幕的2-D色域和3-D色域在CIE XYZ、xyY、LAB、LCh色彩空間之情況描述如下。

　　圖7-9顯示顯示器色域CIE XYZ色彩空間，它類似如圖7-8的RGB色立體形狀，它可以描繪出歪斜的平行六面體的長方體。圖7-10展示光譜軌跡和描繪在CIE xyY色度空間的顯示器色域，由3維CIE xyY色度空間觀察顯示器的色域（圖7-10-(a)）似乎像「有7隻腳的沙發」。假如我們從一個鳥瞰的角度觀看「沙發」，全部的輪廓便成色三角（圖7-10-(b)）。如同我們知道的一樣，顯示器的色三角在xy色度圖由三色點所構成：[R], [G], [B]基本色。

　　圖7-11說明sRGB顯示器的CIELAB色彩空間中立體色域，顯示器色域在$L^*a^*b^*$的色彩空間，似乎像一個12面體，同時它的色域邊界不是直的線（**圖**7-11-(a)），顯然sRGB顯示器的色域在CIELAB中相似於孟塞爾的色立方體。

　　另一方面，sRGB顯示器色域描繪在a^*-b^*平面的形狀接近六角型。通常，它用六角形來描繪顯示器色域在色彩處理過程的參考。由LCh色彩系統構成的彩色顯示器色域表示如**圖**7-12，六個主要色相頁（[R], [Y], [G], [B], [M]）在子圖(a), (b), (c)表示LCh色彩空間的色域結果，分別代表L-C平面和L-h平面。六個主要色相頁在L-h平面不是直線（**圖**7-12-(c)），它必須在更進一步的檢查色相列於CIELAB或LCh色彩空間中，以增加正確性。假如顯示器的色相頁的色相角延伸覆蓋了全部的色相範圍（0°～360°），彩色顯示器的LCh色域能繪成色彩立體山脈圖（3-D Color Mountain）（參照**圖**7-13）。

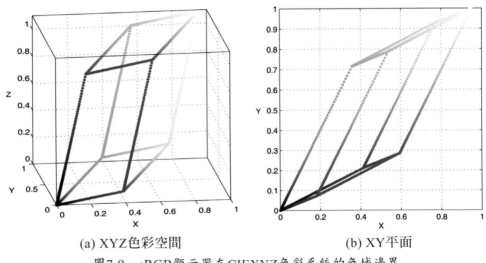

(a) XYZ色彩空間　　　　　　(b) XY平面

圖7-9　sRGB顯示器在CIEXYZ色彩系統的色域邊界

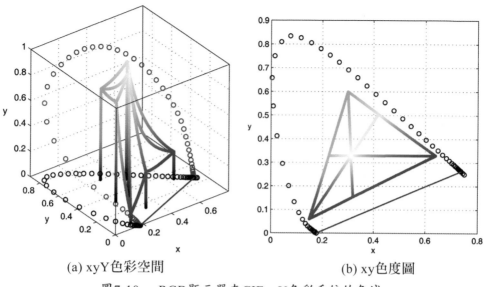

(a) xyY色彩空間 　　　　　　　　　　(b) xy色度圖

圖7-10　sRGB顯示器在CIExyY色彩系統的色域

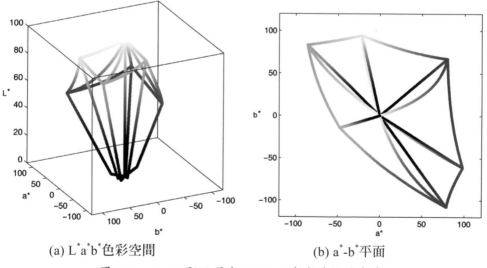

(a) L*a*b*色彩空間 　　　　　　　　(b) a*-b*平面

圖7-11　sRGB顯示器在CIELAB色彩系統的色域

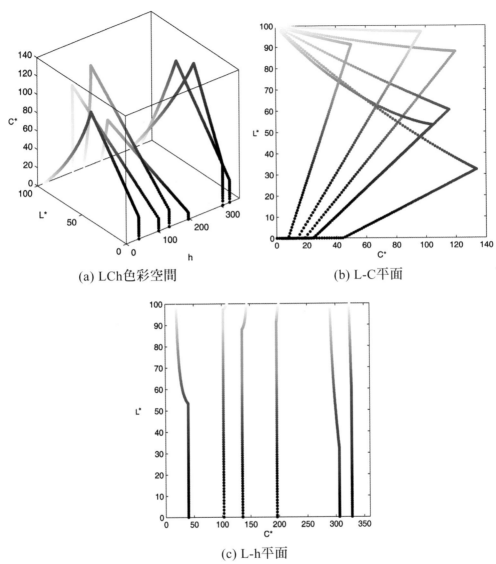

(a) LCh色彩空間

(b) L-C平面

(c) L-h平面

圖7-12 sRGB顯示器的主要6個色相頁

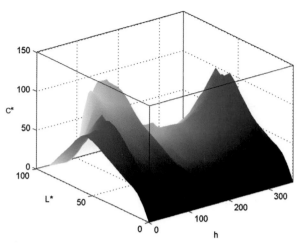

圖7-13　sRGB顯示器的LCh色域（色彩山脈圖）

　　像這樣一連串的2-D和3-D色域視覺化工具在CIE XYZ、xyY、
LAB、LCh色彩系統的色域視覺化工具，對於分析更多影像顯示系統
的色彩特性會有很大幫助。

參考書目

1. 大田登著，陳鴻興、陳君彥譯（2003）：基礎色彩再現工程，全華圖書。

2. Louis D. Silverstein, Thomas G. Fiske(1993)：Colorimetric and photometric modeling of liquid crystal displays, Proc IS&T/SID's Color Imaging Conference, pp.149-156.

3. Roy S. Berns(2000)：Billmeyer and Saltzman's Principle of Color Technology , Wiley.

4. Gunter Wyszecki and W. S. Stiles(2000)：Color science：concepts and methods, quantitative data and formulae(2nd), Wiley.

5. Phil Green and Lindsay MacDonald(2002)：*Color Engineering*, SID.

6. Stephen Wtephen and Caterina Ripamonti(2004)：*Computational colour science using MATLAB*, Wiley.

7. A Standard Default Color Space for the Internet-sRGB：*http://www.w3.org/Graphics/Color/sRGB*

9. Hung-Shing Chen, Tao-I Thsu(2005)："Color gamut descriptions for display system", Prof. of Computer Vision, Graphics and Image Processing, Taipei.

第八章
行動裝置之色彩修正

8.1 前言

　　隨著多行動裝置的快速成長，數位攝影機（相機）已漸漸成為行動裝置的取像系統中重要設備之一。然而，相對於同樣為取像系統的掃描器（scanner），DVC數位攝影機（Digital Video Camera）卻需面對更複雜的取像環境，從自然景物到各式各樣的景物，從光亮環境到灰暗環境，或從自然光到辦公室日光燈、景物的特性、光源的種類及光線的強弱，這些外在複雜的取像條件及變因往往讓使用者無法得到相當一致的影像品質，如在鎢絲燈下拍攝的影像，將產生偏黃、偏紅效果的影像；在辦公室的日光燈下將產生偏綠、偏藍效果的影像。因此，如何控制光源變因對DVC取像品質的影響程度，將是數位攝影機（相機）色彩校正中的一個重要課題。影像處理及觀測的過程中，可能已包含兩種以上不同光源的變因存在。於偏色照明之色彩校正技術中，已針對數位攝影機（相機）在各種不同光源環境下的取像條件，建立其色彩校正模式。且於實驗結果顯示，在各種不同光源條件下的校正色彩誤差值（ΔE_{ab}^{*}）都能有效地控制在ΔE_{ab}^{*}小於8以下。偏色照明之色彩校正技術主要是以色度性色彩再現原理為主，然而色度性色彩再現原理乃著重於色度值XYZ上作匹配；因此可能會有同色異譜的現象，建議可嘗試頻譜性色彩再現原理來建立此色彩校正模式。

8.2 相關文獻

　　本章將介紹目前影像擷取裝置色彩修正、光源估測及光源補償等技術目前的研究現況。

1. 影像擷取裝置色彩修正相關文獻

在影像擷取裝置色彩修正相關文獻中，主要包括影像擷取裝置色彩特性分析及色彩修正模型兩大類：在影像擷取裝置色彩特性分析方面的Suzuki[1]、Kang[2]、Konig[3]等人分析CCD的色彩特性並使用矩陣模型來修正CCD的色彩表現，Ritter[4]對數位相機的色彩特性有詳細的分析。在色彩修正模型方面，Hung[5]提出使用三維查表色彩修正模型修正CCD的色彩表現並得到不錯的效果，準確度可到$\Delta E_{ab}^{*}=1$以下，不過其作法難處在於取得CCD三維表格並不容易，不適合在一般環境下使用。Holm[6]與Tastl[7]分別實作數位相機色彩空間至標準色彩空間的轉換模型。Hardeberg[8]則實作CCD RGB到sRGB的轉換模型。

2. 光源估測相關文獻

白平衡技術主要可分成光源估測與光源補償兩部分。在光源估測方面，Land[9]提出表面最亮參考點Brightest Surface法，其假設影像中必定存在某些表面在各頻率段有最大的反射率。因此尋找影像中各頻率段的最大值即可估得光源；另外Evans[10]與Buchsbaum[11]提出灰色世界（Gray World, GW）理論，即自然世界取得之影像總平均值為灰色，因此利用影像平均值可推得光源。由於使用Gray World方法容易導致光源誤判，因此有許多改進方法出現。其中，Kodak[12]、Thurm[13]與Terashita[14]等將影像像素依亮度分成不同等級，針對不同等級給予不同權值，減少影像曝光不足部分對色溫預估所造成的誤判；Fergg[15]與Schmidt[16]等人則在使用Gray World方法前，先除去飽和色高於容許程度的像素，以避免其對色溫預估所造成的干擾；Alkofer[17]、Hughes[18]與Kraft[19]等人則分別只取用影像中物體邊線或對比變化強烈部分

來判斷光源，以避免整張影像中大塊相同顏色區域對光源色溫判斷所造成的影響；Thurm[20]、Amano[21]與Terashita[22]使用多張影像的平均值估算光源；Fursich[23]、Finlayson[24]、Manabe[25]、Sapiro[26]與Tominaga[27]等人利用各種光源在色彩空間的分佈特徵資料判斷未知影像的光源；Lee[28][29]分析光源對各種影像所造成的特性來修正GW的誤判情況；Amano[30]、Haruki[31]與Liu[32]將影像切成多個區域，並分別依經驗法則，使用模糊理論與類神經網路等方式分析區域影像內容，據以指定各區域的權重計算影像平均值。除了最大值法與GW方法外，Abe[33]與Qian[34]等人嘗試由影像內容估算光源頻譜；Storring[35]則利用影像中人像膚色來估光源。

3. 色溫補償相關文獻

在色溫補償方面，Von Kries提出色溫轉換模型（Von Kries Model），該模型假設光源之間的轉換關係為線性關係，由於人眼對光源轉換的對映關係並非單純的線性關係，因此後來Land[36]、Hunt[37]、Luo[38]、Li[39]等人又分別發展不同的Color Appearance Model，提供較準確的光源轉換模型。

色彩再現技術的最主要目標，乃是希望能將原始影像的最真實色彩忠實地呈現，亦即是達到What You See is What You Get（WYSWYG）的目標。一般而言，色彩再現原理可分為六種不同型式（Hunter）：Spectral、Colorimetric、Exact、Equivalent和Corresponding。本理論背景研究主要乃針對Spectral及Colorimetric兩種色彩重現技術，在數位攝影機（相機）適應性光源色彩校正的應用上作一簡介及說明。

4. 色度性色彩再現技術

　　所謂色度性色彩再現乃希望原稿能與複製稿的色彩能有最相近的CIEXYZ or CIE $L^*a^*b^*$值，而CIEXYZ的計算乃需由光源、物質反射率及人眼的配色函數推算而得。因此固定的配色函數配合不同的光源及不同的物質反射率的組合，便有可能產生相同的CIEXYZ值如**圖8-1**，此種不同物質反射率在某種光源下會有相同色彩，而在另一光源下會呈現不同色彩的現象稱之為同色異譜。色度性色彩重現技術往往需要在特定光源下作色彩轉換，因此便常衍生出色彩轉換程序中光源不一致的現象或參考白不知如何設定的問題。

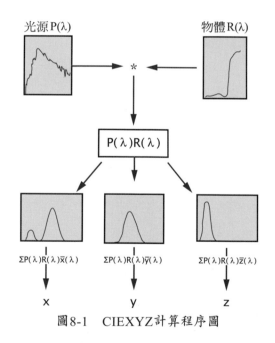

光源P(λ)　　　　　　　　　物體R(λ)

P(λ)R(λ)

ΣP(λ)R(λ)x̄(λ)　　ΣP(λ)R(λ)ȳ(λ)　　ΣP(λ)R(λ)z̄(λ)

x　　　　　y　　　　　z

圖8-1　CIEXYZ計算程序圖

　　若以色度性色彩再現技術應用在數位攝影機（相機）適應性光源色彩校正系統中，便需分別在不同光源條件下建立個別的校正轉換模式。其校正過程如下（如**圖8-2**）：

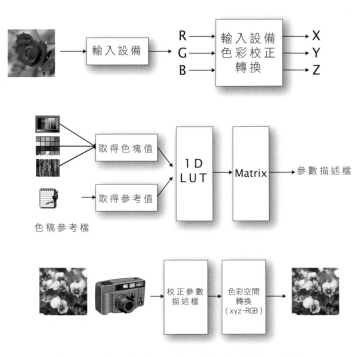

圖8-2　數位攝影機（相機）色彩校正模式

　　此轉換模式的前題要求乃假設RGB到CIEXYZ的轉換乃線性關係，因此數位攝影機（相機）在某光源下的取像RGB值將與量測的XYZ值具有如下之數學關係：

$$\begin{bmatrix} X_e \\ Y_e \\ Z_e \end{bmatrix} = \begin{bmatrix} m_{11} & m_{12} & m_{13} \\ m_{21} & m_{22} & m_{23} \\ m_{31} & m_{32} & m_{33} \end{bmatrix} \begin{bmatrix} R \\ G \\ B \end{bmatrix} \quad\cdots\cdots\cdots\cdots\cdots\cdots\cdots\cdots\cdots\cdots\cdots（8-1）$$

　　其中R、G、B為數位攝影機（相機）在某光源下的取像值；而X_e, Y_e, Z_e為估測的CIEXYZ值。

　　假設XYZ為量測之CIEXYZ值則色度性色彩校正的目標乃希望在色度XYZ上達到一致的效果，因此在數學演算上需求得一組轉換矩陣$M_{3\times3}$使得$\Delta X=X-X_e$；$\Delta Y=Y-Y_e$；$\Delta Z=Z-Z_e$的誤差為最小。此轉換

矩陣參數的求法一般常見為多變數線性迴歸分析方式或最佳化估測方式，其說明如下。

假設我們共有n組RGB與XYZ的對應數據（$X(i)$、$Y(i)$、$Z(i)$；$R(i)$、$G(i)$、$B(i)$；$i=1\sim n$），而所希望最小化的函數設定為：

$$Cost\_X(m_{0j} \mid j = 0 \sim n) \equiv \sum_{i=1}^{n}(X(i) - X_e(i))^2$$

$$Cost\_Y(m_{1j} \mid j = 0 \sim n) \equiv \sum_{i=1}^{n}(Y(i) - Y_e(i))^2 \quad\cdots\cdots\cdots\cdots（8\text{-}2）$$

$$及\ Cost\_Z(m_{2j} \mid j = 0 \sim n) \equiv \sum_{i=1}^{n}(Z(i) - Z_e(i))^2$$

其中$Cost\_X$、$Cost\_Y$、$Cost\_Z$：欲最小化的函數

$X(i)$、$Y(i)$、$Z(i)$：各色塊實際XYZ數值

$X_e(i)$、$Y_e(i)$、$Z_e(i)$：各色塊之估計XYZ數值

$m_{0j} \sim m_{2j}$：$3 \times n$矩陣係數

這些函數都是矩陣係數的二次式，欲求出使其最小化的矩陣係數，只須將各函數分別對各係數作偏微分，並指定微分結果為0，即可求得，即：

$$\partial\,Cost\_X(m_{0j})/\partial\,m_{0j} = 0$$

$$\partial\,Cost\_Y(m_{1j})/\partial\,m_{1j} = 0 \quad\cdots\cdots\cdots\cdots\cdots\cdots\cdots\cdots\cdots（8\text{-}3）$$

$$\partial\,Cost\_Z(m_{2j})/\partial\,m_{2j} = 0$$

其中$Cost\_X$、$Cost\_Y$、$Cost\_Z$：欲最小化的函數

$m_{0j} \sim m_{2j}$：$3 \times n$矩陣係數

由於微分結果成為矩陣係數的一次方程式，經整理可得以下公式，利用聯立方程組求解的方法，就可得到修正矩陣的係數；最後，$X_e(i)$, $Y_e(i)$, $Z_e(i)$就是根據Rs, Gs, Bs經色彩修正的轉換所得對$X(i)$, $Y(i)$, $Z(i)$的估測值。

$$\begin{bmatrix} m_{00} & m_{01}.......m_{0n} \\ m_{10} & m_{11}.......m_{1n} \\ m_{20} & m_{21}......m_{2n} \end{bmatrix}^T = A_{n\times n}^{-1} \cdot B_{n\times 3} \quad\text{...}\quad (8\text{-}4)$$

其中$n\times n$矩陣A的係數為：

$$a(i, j) = \sum_{l=1}^{n} c_i(l) \cdot c_j(l) \quad\text{..}\quad (8\text{-}5)$$

其中$n\times 3$矩陣B的係數為：

$$b(i, 0) = \sum_{l=1}^{n} X(l) \cdot c_i(l)$$

$$b(i, 1) = \sum_{l=1}^{n} Y(l) \cdot c_i(l)$$

$$b(i, 2) = \sum_{l=1}^{n} Z(l) \cdot c_i(l) \quad\text{..}\quad (8\text{-}6)$$

$c_0 \sim c_n$：矩陣輸入變數

$m_{0j} \sim m_{2j}$：3×n矩陣係數

$X(i)$、$Y(i)$、$Z(i)$：各色塊實際XYZ數值

8.3 CCD色彩修正參數

CCD色彩修正參數主要目的在產生CCD的色彩修正參數（矩陣模式與3維對照表模式）、修正CCD取得影像之色彩表現產生色彩修正參數：利用CCD取得的彩色導表影像（Bitmap格式，如圖8-3所示為IT8.7/2彩色導表影像）中各色塊的RGB值與符合Cgats5格式之彩色

導表參考檔（記錄彩色導表內各色塊的量測資料）中所記載的CIE XYZ/LAB值，產生矩陣模式與三維對照表模式的色彩修正參數，供修正數位相機取得之影像的色彩表現。

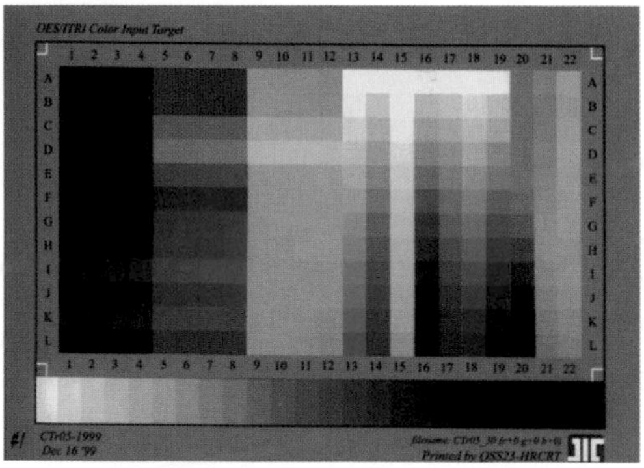

圖8-3　IT8.7/2彩色導表

　　產生出來的色彩修正參數主要功用是修正來源色彩空間與目的色彩空間中色調曲線的非線性關係，然後再利用矩陣模式或三維對照表模式將色彩表現不佳的來源色彩空間對應到色彩表現較佳的目的色彩空間，以達成色彩修正的目的。由於不同的CCD使用的來源與目的色彩空間不同，因此針對不同的CCD必須使用相對的色彩空間轉換方式才能得到較佳的色彩修正。

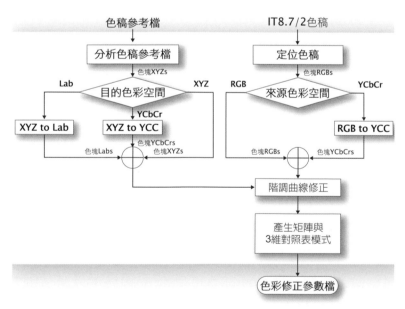

圖8-4　CCD色彩修正參數產生流程圖

　　如**圖**8-4所示，要產生色彩修正參數，必須先取得彩色導表參考檔的XYZ（光源為D_{50}）值與彩色導表影像中色塊的RGB值，然後再依所選擇的階調曲線修正方式、來源色彩空間與目的色彩空間的組合產生色彩修正參數，如**圖**8-3所示，依來源色彩空間不同，可將由彩色導表影像取出的色塊RGB值轉成*YCbCr*（參見**公式**8-7）；依目的色彩空間的不同，可將由彩色導表參考檔取出的色塊XYZ值轉成$L^{*}a^{*}b^{*}$（參見**公式**8-8）或*YCbCr*（參見**公式**8-9），色彩空間轉換公式如下：

$$\begin{bmatrix} Y \\ Cb \\ Cr \end{bmatrix} = \begin{bmatrix} 0.2989 & 0.5966 & 0.1145 \\ -0.1688 & -0.3312 & 0.5000 \\ 0.5000 & -0.4184 & -0.0816 \end{bmatrix} \begin{bmatrix} R_{NTSC} \\ G_{NTSC} \\ B_{NTSC} \end{bmatrix} \quad \text{……………} (8\text{-}7)$$

$$L^{*} = 116(Y/Y_0)^{1/3} - 16$$

$$a^{*} = 500\left[(X/X_0)^{1/3} - (Y/Y_0)^{1/3} \right]$$

$$b^{*} = 200\left[(Y/Y_0)^{1/3} - (Z/Z_0)^{1/3} \right] \quad \text{……………………} (8\text{-}8)$$

　　其中X_0，Y_0，Z_0是參考白的三刺激值，程式中使用D_{50}作參考白，即$X_0=96.42$，$Y_0=100.0$，$Z_0=82.49$。

$$\begin{bmatrix} Y \\ Cb \\ Cr \end{bmatrix} = \begin{bmatrix} 0 & 2.55 & 0 \\ 0.0843 & -1.6102 & 1.8624 \\ 3.5335 & -2.7889 & -0.7551 \end{bmatrix} \begin{bmatrix} X_{D50} \\ Y_{D50} \\ Z_{D50} \end{bmatrix} \quad \text{………………} (8\text{-}9)$$

　　取得色塊的來源及目的色彩空間值後，必須先去除來源色彩空間階調曲線與目的色彩空間階調曲線的非線性關係，以減少因來源與目的色彩空間的非線性關係導致較大的轉換誤差。利用位於彩色導表中的灰階色塊及線性內插技術，可產生來源色彩空間對目的色彩空間線

性化的一維對映表。

　　利用經階調曲線修正後之來源色彩空間的彩色導表影像色塊值與目的色彩空間的參考檔色塊值可產生矩陣模型的矩陣以及三維查表模型的三維對映表。矩陣模型的轉換公式如**公式8-10**所示：

$$[Y_0, Y_1, Y_2]^T = [M_{3\times N}][M_{1\times N}]^T \quad\text{...}\quad (8\text{-}10)$$

　　其中N表矩陣階數，$M_{1\times N}$的矩陣是由來源色源空間所組成，令輸入色彩空間為I_0, I_1, I_2,則$N=3, 4, 6, 8, 9, 11, 14, 20$時，$M_{1\times N}$內容如下：

$$M_{1\times 3} = [I_0, I_1, I_2]\ ,$$
$$M_{1\times 4} = [1, I_0, I_1, I_2]\ ,$$
$$M_{1\times 6} = [I_0, I_1, I_2, I_0I_1, I_0I_2, I_1I_2]\ ,$$
$$M_{1\times 8} = [1, I_0, I_1, I_2, I_0I_1, I_0I_2, I_1I_2, I_0I_1I_2]$$
$$M_{1\times 9} = [I_0, I_1, I_2, I_0I_1, I_0I_2, I_1I_2, I_0^2, I_1^2, I_2^2]\ ,$$
$$M_{1\times 11} = [1, I_0, I_1, I_2, I_0I_1, I_0I_2, I_1I_2, I_0^2, I_1^2, I_2^2, I_0I_1I_2]\ ,$$
$$M_{1\times 14} = [1, I_0, I_1, I_2, I_0I_1, I_0I_2, I_1I_2, I_0^2, I_1^2, I_2^2, I_0I_1I_2, I_0^3, I_1^3, I_2^3]\ ,$$
$$M_{1\times 20} = [1, I_0, I_1, I_2, I_0I_1, I_0I_2, I_1I_2, I_0^2, I_1^2, I_2^2, I_0I_1I_2, I_0^3, I_1^3, I_2^3,$$
$$I_0^2I_1, I_0^2I_2, I_1^2I_0, I_1^2I_2, I_2^2I_0, I_2^2I_1] \quad\text{.......................}\quad (8\text{-}11)$$

　　修正影像：利用所產生的色彩修正參數修正數位相機取得的影像。可選擇只做階調曲線修正、使用矩陣模型修正或使用三維查表模型修正。使用三維查表模型修正影像時，使用Tri-linear 線性內插方式，計算修正後的顏色值。修正後的結果可選擇以sRGB或NTSC RGB型式輸出，XYZ轉sRGB公式如**公式8-12**所示，XYZ轉NTSC RGB公式如**公式8-13**所示。

$$\begin{bmatrix} R \\ G \\ B \end{bmatrix} = \begin{bmatrix} 3.13360 & -1.61682 & -0.49074 \\ 1.91606 & -0.97865 & 0.03351 \\ 0.0573 & -0.22907 & 1.40536 \end{bmatrix} \begin{bmatrix} X_{D50} \\ Y_{D50} \\ Z_{D50} \end{bmatrix} \quad\cdots\cdots\cdots\cdots \quad (8\text{-}12)$$

$$\begin{bmatrix} R_{NTSC} \\ G_{NTSC} \\ B_{NTSC} \end{bmatrix} = \begin{bmatrix} 1.877094 & -0.5324 & -0.2000 \\ -0.9677 & 1.9991 & -0.0197 \\ 0.0573 & -0.1184 & 0.6259 \end{bmatrix} \begin{bmatrix} X_{D50} \\ Y_{D50} \\ Z_{D50} \end{bmatrix} \cdot \quad (8\text{-}13)$$

8.4 光源預估方法

1. 最亮表面法（Brightest Surface Method）

　　最亮表面法[9]假設影像中必定存在某些表面在各頻率段有最大的反射率。也就是說，在一組RGB三色的CCD取得的影像中，必定有些表面可以反射最大的R值、有些表面可以反射最大的G值、有些表面可以反射最大的B值，因此只要取整張影像中R的最大值、G的最大值與B的最大值即可得到光源的RGB值。

2. 灰界法（Gray World Method）

灰界法[10][11]大自然影像各種顏色的平均值趨近無色（灰色），因此使用灰界法估算光源可將未知光源影像的所有像素平均，其平均的RGB值即為光源的顏色。

3. 對數灰界法（Gray World with logarithm）

對數灰界法與灰界的假設相同，不過此方法又假設光源的變化是低頻的變化，因此其估算色溫時是取像素取對數後的平均值。

4. 改良式白平衡

本演算法在去除影像中距離色溫線較遠的即飽和度較高的像素點，再將利用灰界法估算光源，可將未知光源影像的所有像素平均，其平均的RGB值即為光源的顏色。

8.5 結果

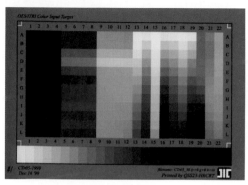 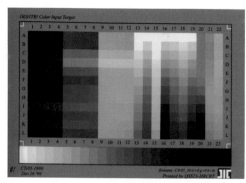

(a)色校前　　　　　　　　　　　(b)色校後

圖8-5　數位相機色彩校正

如圖8-5以現有數位相機拍攝校正稿，在色校前之色差達$\Delta E_{ab1}^{*}=$ 13.36經色彩校正降為$\Delta E_{ab1}^{*}=3.17$。此色校採用3各1D LUT及3×4色彩轉換矩陣。若改採較高階之色彩轉換矩陣此色差將會再下降，但相對其運算量將大為增加。

如圖8-6以現有數位相機拍攝，再使用不同白平衡演算法比較。當拍攝影像叫接近近飽和色時，整體在做白平衡時影像將偏往高飽和區。若採用改良式演算法將可改善此現象。

(a) 原稿　　　(b) 最亮表面法　　　(c) 原稿　　　(d) 最亮表面法

(c) 灰界法　　(d) 改良式白平衡　　(c) 灰界法　　(d) 改良式白平衡

圖8-6　白平衡

1. 影像增強

如**圖**8-7以現有數位相機拍攝,再將影像之亮度分量以四分量方式進行調整[40]。

原始影像　　　　　　　　　　處理後影像

圖8-7　影像增強

如**圖**8-8左半部為原始影像,右半部為處理後之影像。

圖8-8　修正前後影像比較

2. 影像品質評估方式

本實驗評估採用七等地評估方式針對影像增作評估,觀測者為30人,男女各15人次,將男、女、混合分別計算其平均值及標準差(standard deviation)。

表8-1　　評估分數

非常壞	壞	尚可	可接受	好	非常好	完美
0□	1□	2□	3□	4□	5□	6□

3. 影像品質實驗結果

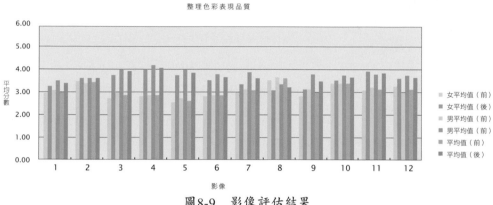

整理色彩表現品質

圖8-9　　影像評估結果

　　圖8-9評估將整體影像色彩表現，其中紅色線、綠色線為處理前，藍色線、黑色線為調整後，X座標分別為不同影像（片），Y平均分數，每一影像（片）第一條紅色線為女性平均值，第二條紅色線為男性平均值。由此圖顯示在影像3、4、5、6、11處理前後在測試者其差異最大，其餘男女相當，影像（片）8則出現處理前優於處理後的現象。其整體影像色彩表現上升18.97%。

參考書目

1. Shoji Suzuki, Tadakazu Kusunoki, and Masahiro Mori, "Color characteristic design for color scanners", Applied Optics, Vol. 29, No. 34, pp. 5187-5192, Dec. 1990.

2. Henry R. Kang, "Color scanner calibration", Journal of Imaging Science and Technology, Vol. 36, No. 2, pp. 162-170, 1992.

3. Friedhelm Konig and Patrick G, Herzog, "Spectral scanner characterization using linear programming", IS&T/SPIE Conference on Color Imaging：Device-Independent Color, Color Hardcopy, and Graphic Arts V, SPIE Vol. 2963, pp. 36-45, Jan. 2000.

4. Michaela Ritter and Dietmar Wueller, "Colour characterisation of digital cameras by analysing the output data for measuring the spectral response", IS&T 1999 PICS Conference, pp. 149-152, 1999.

5. Po-Chieh Hung, "Colorimetric Calibration in electronic imaging device using a look-up-table model and interpolations," Journal of Electronic Imaging, Vol.2(1), pp. 53-61, 1993.

6. Jack Holm, "Issue Relating to the transformation of sensor data into standard color spaces", IS&T/SID 5th Color Imaging Conference Proc., pp. 290-294, 1997.

7. Ingeborg Tastl and Bo Tao, "Color transformations for digital cameras：a comparison and a contribution", IS&T/SPIE Conference on Color Imaging：Device-Independent Color, Color Hardcopy, and Graphic Arts V, SPIE Vol. 2963, pp. 89-100, Jan. 2000.

8. Joy Y. Hardeberg, "Desktop scanning to sRGB", IS&T/SPIE Conference on Color Imaging：Device-Independent Color, Color Hardcopy, and Graphic Arts V, SPIE Vol. 2963, pp. 47-57, Jan. 2000.

9. E.H. Land, "The retinex threory of color vision," Scientific American, pp. 108-129, 1977.

10. R. M. Evans, "Method for correcting photographic color prints," US Patent 2,571,697(1951).

11. G. Buchsbaum：1980, "A spatial processor model for object color perception," J. Franklin Institute, 310:126, 1980.

12. Eastman Kodak Company, "Advanced color printing technology for photofinishers and professional finishers," Eastman Kodak Company, Rochester, N.Y., 1979.

13. S. Thurm, K. Bunge, and G. Findeis, "Method of and apparatus for determining the copying light amounts for copying from color originals," US Patent 4279502, 1981.

14. T. Terashita, "Methods of setting conditions in photographic printing," US Patent 4,603,969, 1986.

15. B. Fergg, W. Zahn, and W.Knapp, "Automatic color printing apparatus," US Patent 4,101,217, 1978.

16. D. Schmidt and P. Bachmann, "Circuit apparatus for automatic correction of TV color balance," US Patent 5040054, 1991.

17. J. S. Alkofer, "Tone value sample selection in digital image processing method employing histogram normalization," US Patent 4,654722, 1987.

18. J. Hughes and J. K. Bowker, "Automatic color printing techniques," Image Technologu 39-43, April/May 1969.

19. W. Kraft and W. R. von Stein, "Exposure control process and photographic color copying apparatus," US Patent 5016043, 1991.

20. S. Thurm, K. Bunge, and G. Findeis, "Method of and apparatus for determining the copying light amounts for copying from color originals," US Patent 4279502, 1981.

21. T. Amano, "Method of determining exposure amounts in photographic printing," US Patent 3873201, 1975.

22. T. Terashita, "Exposure control method," US Patent 4397545, 1983.

23. M. Fursich and H. Treiber, B. Fergg, G. Findeis, and W. Zahn, "Method of copying color exposure," US Patent 4,566,786, 1986.

24. Finlayson, G. D., Hubel, P.M. and Hordley, S., "Color by Correlation," Fifth IS&T/SID Color Imaging Conference：Color Science, Systems and Applications, pp. 6-11, Nov. 1997.

25. Y. Manabe, Xin Zhen, S. Inokuchi, "Estimation of illuminant spectral distribution with geometrical information from spectral image", Fourteenth International Conference on Pattern Recognition, Vol. 2, pp. 1464-1466, 1998.

26. G. Sapiro, "Color and illuminant voting", IEEE Transactions on Pattern Analysis and Machine Intelligence, Vol. 21, No. 11, pp. 1210-1215, Nov. 1999.

27. Shoji Tominaga, Atsushi Ishida, and Brian A. Wandell, "Further Research on the Sensor Correlation Method for Scene Illuminant

Classification," IS&T/SID Eighth Color Imaging Conference, pp. 189-194, Nov. 2000.

28.H. C. Lee, "Digital color image processing method employing constrained correction of color reproduction function," US Patent 4663663, 1987.

29.H. C. Lee, "A physics-based color encoding model for images of natural scenes," in Proceedings of the Conference on Modern Engineering and Technology, Electro Optics Session, Taipei, Taiwan, pp. 25-52, December 6-15, 1992.

30.T. Amano and R. Andoh, Process of and system for printing in color photography, US Patent 3888580, 1975.

31.Yung-Cheng Liu, Wen-Hsin Chan, and Ye-Quang Chen, "Automatic white balance for digital still camera", IEEE Transactions on Consumer Electronics, Vol. 41, No. 3, pp. 460-466, Aug. 1995.

32.T. Haruki and K. Kikuchi, "Video camera system using fuzzy logic", IEEE Transactions on Consumer Electronics, Vol. 38, No. 3, pp. 624-634, Aug. 1992.

33.M. Abe, H. Ikeda, Y. Higaki, M. Nakamichi, "A method to estimate correlated color temperatures of illuminants using a color video camera", IEEE Transactions on Instrumentation and Measurement, Vol. 40, No. 1, pp. 28-33, Feb. 1991.

34.Dahong Qian, J. Toker, and S. Bencuya, "An automatic light spectrum compensation method for CCD white balance measurement", IEEE Transactions on Consumer Electronics, Vol. 43, No. 2, pp. 216-220, May 1997.

35. M. Storring, H. J. Andersen, E. Granum, "Estimation of the illuminant colour from human skin colour", Fourth IEEE International Conference on Automatic Face and Gesture Recognition, pp. 64-69, 2000.

36. E. H. Land and J. J. McCann, "Lightness and retinex theory," J. Opt. Soc. Am. 61:1-11, 1971.

37. R. W. G. Hunt, "A model of colour vision for predicting colour appearance in various viewing conditions, Color Res. Appl. 12(6), pp. 297-314, 1987.

38. M. R. Luo and R. W. G. Hunt, A Chromatic adaptation transform and a colour inconstancy index, Color Res. Appl., 23, pp. 154-158, 1998.

39. Changjun Li, M. Ronnier Luo, and B. Rigg, "Simplification of the CMCCAT97," IS&T/SID Eighth Color Imaging Conference, pp. 56-60, Nov. 2000.

40. Chao-hua Wen, Jyh-jiun Lee, and Yi-chin Liao, "Adaptive Quartile Sigmoid Function Operator for Color Image Contrast Enhancement," IS&T/SID Ninth Color Imaging Conference, pp. 280-285, Nov. 2001.

第九章
色彩管理系統

9.1 前言

拜電腦科技之賜，各種影像媒體都可以藉由電腦傳遞影像資訊，然而不同媒體之間的色彩複製，受到設備性能的限制與觀測環境差異的影響。為了獲得準確的跨媒體色彩複製，國際色彩聯盟（International Color Consortium, ICC）設計了一套色彩管理系統。它運用了色彩工程領域累積了數十年的研究心得，創造出一個標準的色彩複製環境，任何從事色彩工程的人，都必須要了解色彩管理系統的應用實務以及其背後的理論基礎。

本章將介紹色彩管理系統的發展背景、ICC色彩管理系統的架構、ICC描述檔的資料結構、描述檔的來源與應用、ICC色彩管理系統的缺點、以及最新的Windows Color System。

9.2 色彩管理系統的發展背景

1. 封閉式與開放式色彩複製系統

早期的色彩複製系統都採用封閉式架構。設備供應商針對市面上幾種熱門產品之間的色彩對映關係，建立一對一的色彩轉換資訊檔。這些檔案往往在不同軟體上無法相容。見圖9-1（左），如果有m種輸入設備，n種輸出設備，一個完整的封閉式色彩複製系統需要知道（$m \times n$）對設備的色彩對映關係。反之，開放式色彩複製系統採用一個與設備無關的色空間作為色彩轉譯的平台，最常見的色彩轉譯空間是CIELAB。各種設備只要擁有自身訊號與LAB色空間之間的轉譯資訊，就能夠達到準確跨媒體色彩複製的理想。這就好比利用英語作為國際共通的語言，使世界各國的人士能夠將母語翻譯成英文相互溝通一樣。如果有m種輸入設備，n種輸出設備，開放式色彩複製系統僅需知道（m+n）個設備的色彩對應關係。

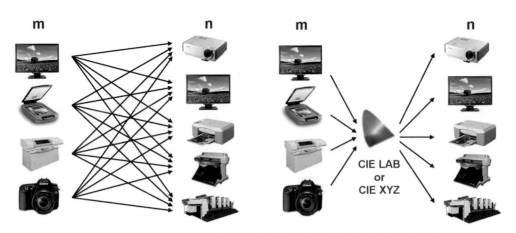

圖9-1　封閉式（左圖）與開放式（右圖）色彩複製系統的比較

2. 跨媒體色彩複製

　　如果希望在多個不同的影像媒體之間從事跨媒體的色彩複製，則必須先了解媒體之間的三種差異：訊號規格的差異、觀色環境的差異、以及媒體色域的差異。

　　首先，各種媒體的控制訊號各不相同，顯示器多用RGB，印表機則以CMYK為主，即使是使用兩個同廠牌的顯示器，也不能確保輸入相同RGB數值時會獲得相同的XYZ色刺激。因此，為了正確地描述設備訊號與色刺激值之間的關係，先要利用設備校正模式（device calibration model），使兩者間的關係保持穩定，不受時間影響。然後再利用色彩特性描述模式（characterization model），連繫經過校正的訊號值與XYZ色刺激值兩者之間的關係。

　　其次，從事跨媒體影像複製，必須了解觀測環境對色彩知覺的影響。不同媒體各有其獨特的觀色環境。舉例而言，印刷媒體的觀測標準是D50色溫的燈箱，攝影媒體的照明標準則是D55，顯示器以D65為白色的調校標準，歐洲／北美／日本的電視相關色溫通常

分別是D65/D71/D93。印刷媒體的光源除了500nit左右燈箱之外，也可能是亮度高達100,000nit的戶外日光，映像管的亮度卻只有100nit左右。印刷媒體的影像／環境亮度差距較小，投影媒體的影像／環境反差較大。由於不同媒體之間的觀色環境差異頗大，因此需要色外貌模式（Color Appearance Model）彌補環境差異對色外貌所造成的影響。跨媒體色彩複製的對象是色彩知覺，而不是色刺激。因此必須以明度／色相／彩度所構成的色外貌空間，做為色彩複製的依據。

最後，由於各個媒體的色域大小不同，因此需要採用色域對映演算法（Gamut Mapping Algorithm, GMA）做色域壓縮或擴張對映，使複製影像能夠盡可能與原始影像相似。由於影像經色域壓縮與過網成像會使複製影像對比下降、輪廓不清，因此需要利用影像增強技術（Image Enhancement）調整複製影像的對比或鮮銳度。

一個理想的跨媒體色彩複製系統必須要能處理上述問題，補償這些問題所造成的色彩變異。圖9-2呈現了一個六階段處理的跨媒體系統，這個系統使用以下幾個重要處理流程：
- 設備校正（Device Calibration）
- 色彩特性描述模式（Characterization Model, CM）
- 色外貌模式（Color Appearance Model, CAM）
- 色域對映演算法（Gamut Mapping Algorithm, GMA）
- 影像增強（Image Enhancement）

其中，色彩特性描述模式與色外貌模式都需要作雙向的轉譯，以便在複製媒體上推算最適合的輸出訊號值。

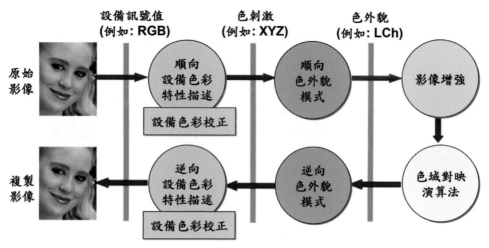

圖9-2　六階段跨媒體色彩複製系統

3. 設備校正

　　「設備校正」一詞常容易與「設備特性描述」混淆。前者是使影像設備能夠按照原廠的設定，重複獲得相同色彩的設備調整作業。一般而言，設備校正不需要大量的色彩測量，使用的演算法也比較簡單。最常見的設備校正模式是灰階校正，也就是針對由白至黑的系列灰階，推導出灰階校正曲線，利用該校正曲線調整訊號值，使影像設備能獲得穩定的色彩表現穩定不變。

4. 設備特性描述

　　設備從屬色彩（Device Dependent Color）簡稱DDC，指的是RGB, CMYK等直接控制設備階調變化的訊號。非設備從屬色彩（Device Independent Color）簡稱DIC，指的是與設備無關但與視覺相關的CIE色度資訊。在色彩成像領域中所謂的「設備特性描述」是指對於設備從屬色彩（DDC）與非設備從屬色彩（DIC）之間對映關係的描述，也就是DDC與DIC之間數值的轉換。能夠處理兩者之間數值轉換的模式被稱為「特性描述模式」

（Characterization Model, CM）。在運用設備特性描述資料之前，必須要了解這些資料只有在指定的觀測條件與軟硬體設定下有效。以印刷媒體為例，使用不同的印刷媒材（紙張以及表面處理）與印墨，都必須分別建立不同的色彩特性描述資訊。一般而言，設備特性描述需要作大量的色彩測量，以提高色彩轉換的準確度。至於色彩轉換的方向上，輸入設備僅需DDC至DIC的單向轉換，輸出設備則需要雙向的色彩轉換模式。

5. 色外貌模式

　　人眼對色彩刺激的感覺，可用明度、色相、彩度等色外貌特徵參數加以描述。色外貌的形成不僅決定於色刺激的絕對強度，更決定於色刺激與整個影像色彩之間的相對強度關係。色外貌模式的作用在根據影像的觀測環境（包括光源強度、色溫等），預測色刺激的色外貌。跨媒體色彩複製需要利用色外貌模式，將設備色刺激轉至色外貌空間，作跨媒體的色彩對映。國際照明委員會CIE1976年所推出LAB模式是最基礎的色外貌模式，最新的模式是CIECAM02。

　　CIELAB色彩空間的色相與人眼的感知有所出入，其中以藍色的差異特別顯著。CIE在1976同時推薦的LUV模式也有類似的問題。CIELAB與CIELUV使用了簡單的色度適應模式，但光源的亮度、背景、環境的色度與亮度因素，沒有被計入。理想的色外貌模式要儘可能去預測各種視覺現象。

　　因應工業界對跨媒體色彩複製的關鍵──色外貌模式的殷切需求，CIE TC-34技術委員會在1997年推薦了CIECAM97s色外貌模式。模式的核心是色度適應轉換、亮度敏感度預測，以及色彩

空間尺度調整。該模式能夠預測色刺激在各種觀測環境下的明度
（Lightness）、視明度（Brightness）、彩度（Chroma）、視彩度
（Colorfulness）、飽和度（Saturation），以及色相（Hue）。在
輸入資料方面，除了色塊與參考白的XYZ色刺激值之外，還需要輸
入觀測環境資料，包括背景亮度比率、適應場域亮度、環境亮度對
比，以及色度適應的程度。

　　CIECAM97s模式經工界業測試之後，發現了一些問題：包括
亮度Y為0時，明度J卻不等於零；反運算時需要疊代運算，效率
不佳；以及色度適應模式的非線性運算增加運算成本等。因此CIE
TC-34技術委員會在2002年提出了它的改良版── CIECAM02，正
式取代舊的CIECAM97s。該技術委員會表示CIE在短期之內未來不
會再推薦新的色外貌模式。

6. 色域對映演算法

　　色域對映是根據指定的色彩複製目的（Rendering Intents），
將原稿媒體色彩對映到複製媒體的方法。也就是三度空間的階調
複製法。由於原稿媒體與複製媒體的色域範圍往往有相當的差異，
因此需要適合的色域對映演算法來縮小影像複製前後的視覺差異。
最基本的色域對映技術有色域裁切（Gamut Clipping）、色域壓
縮（Gamut Compression）與色域擴張（Gamut Expansion）。CIE
TC8-03委員會曾推薦維持色相不變的最小色差色域裁切模式，以
及利用S形曲線壓縮明度、膝形曲線壓縮彩度的色域壓縮演算法，
作為相關研究的參考。由於色域對映技術是造成產品色彩表現差異
化的主要因素，因此許多廠商反對由CIE制訂統一的色域對映演算
法。不過這也造成了難以從複製影像逆推原稿色彩的問題。

7. 發展背景

　　專業與家用市場都需要在不同顯示媒體上精確地複製影像色彩。廠商需要針對上述兩個市場，在以電腦為中心的色彩複製流程上，研製一套使色彩能夠跨平台、跨設備、跨媒體準確複製的系統。這個系統必須與不同廠商的設備相容，也就是必須採用開放式架構。以一個標準的色彩管理架構，滿足不同的市場需求。這個架構必須能滿足以印刷為中心的專業出版市場，以及顯示器為中心的家用與辦公室市場。它不但要能夠取代舊有專業的封閉式色彩管理系統，並為家用市場提供一個初階的色彩管理模式。

　　「國際色彩聯盟」（International Color Consortium, ICC）由八家領導廠商創立於1993年，目的在於發展與推廣一套開放的、廠商中立的、跨平台的色彩管體系統（Color Management System, CMS）。該組織所制訂的色彩管理資訊交換標準，記錄在 Specification ICC-File Format for Color Profiles 文件中，目前的版本是4.0。相關廠商近年仍定期聚會，持續改良ICC標準的內容。自從ICC色彩資訊交換標準公布以來，受到業界廣泛的支持，成為跨媒體色彩管理最重要的平台。

　　ICC的色彩管理是為解決專業出版的跨媒體對色問題而設計的，因此系統的複雜度很高，該系統以非設備從屬的LAB色空間，作為色彩資訊溝通的橋樑。色彩複製準確度較高，但運算成本也相對提高。適用於多樣的觀測環境，使用彈性大。適合專業彩色複製（如印刷出版）的使用。

　　有鑑於ICC的高運算成本，Microsoft與HP合力推出了sRGB標準，並獲得國際電工技術委員會（IEC）支持成為多媒體系統與設備的色彩測量與管理標準。sRGB以一個標準（Standard）的RGB

空間，作為色彩資訊溝通的橋樑。sRGB必須採用指定的觀測環境，使用彈性小，適合一般家庭用途與網路出版。

9.3 ICC色彩管理系統的架構

以下將針對ICC色彩管理系統的架構以及重要特徵作簡單介紹。

1. 重要組成元素

・描述檔連結空間（Profile Connection Space, PCS）：連結來自不同媒體色彩信號的「非設備從屬」色彩空間。ICC規定使用CIEXYZ或CIELAB作為DIC。

・色彩特性描述檔（Profile）：提供色彩管理系統在「設備從屬」與「非設備從屬」色彩空間轉換時，所有必要資訊的檔案。

・色彩管理模組（Color Management Module, CMM）：負責色彩空間轉換計算的軟體，俗稱色彩引擎（Color Engine）。

・色彩複製模式（Rendering Intent）：對於超出複製媒體色域的色彩的處理模式。也就是色域對應（Gamut Mapping）的方式。

2. 應用程式介面

色彩特性描述檔（Profile）描述了媒體的色彩特性。色彩管理模組（CMM）透過描述檔連結空間（PCS），將原稿色彩轉換到複製媒體。應用程式介面（Application Programming Interface, API）提供了連結描述檔與CMM的介面。API在Macintosh OS X上是ColorSync（3.0）；在Windows XP上則是ICM（2.0）。API提供了內建的CMM色彩轉換模式，使用者也可以選用其他廠商提供的CMM。應用程式需要轉換色彩空間時，就將色彩信號傳送到此一介面。

3. ICC描述檔的種類

ICC色彩特性描述檔的附檔名在PC與Mac上分別以icm與icc為主。ICC描述檔的種類依設備區分有輸入型（含數位相機與掃描器），輸出型（含印刷機與印表機），以及顯示型（含CRT, LCD, PDP以及投影機等）。此外，還有四種特殊形式的描述檔：⑴ Named Color profile: 描述色票與PCS的關係（如Pantone色票），⑵ ColorSpace Conversion profile: 描述色空間與PCS的關係（用於YCbCr、HSV、Adobe RGB等色空間的色彩轉譯），⑶ Abstract profile: PCS內的色彩處理（如喜好色調整），⑷ DeviceLink profile: 將兩設備的描述檔合而為一，減少運算成本。

4. 典型ICC色彩複製流程

ICC管理系統根據輸入與輸出設備的ICC描述檔轉譯影像色彩，以PCS連結輸入與輸出設備的色彩資料。以下是一個色彩轉換的例子：先利用掃描器的ICC描述檔，將影像RGB值轉換至PCS。為了想以明度／飽和度／色相模式編輯色彩，利用HSV色空間的ICC描述檔，將影像轉換至HSV空間，進行影像編輯。最後，為了出版的需要，先利用HSV色空間的ICC描述檔將處理後的影像轉至PCS，再透過印刷機的ICC描述檔，將影像轉換成印刷出版所需的CMYK色彩格式。

5. PCS的參考環境

PCS是以參考媒體（reference medium）在參考觀測環境下，所獲得的CIE色度值。ICC所定義的參考媒體是沒有色域限制的理想印刷媒體，色域空間是CIE XYZ或LAB。觀測環境採用ISO 3664標準，該標準指定了光源的色度（D_{50}），以及照度（500 lux）。換句話說，不論原稿與複製品是在什麼光源、照度、色溫下觀測，

必須要推算該影像在色溫D_{50}、照度500 lux的燈箱下觀測理想印刷品所應獲得的色彩，以此刻的LAB值或XYZ值做紀錄。

6. 色彩複製模式

ICC色彩管理系統按不同的色彩複製目的，提供了四種色彩對應方式。依序如下：

· 感知式對映（Perceptual Matching）：在對映的過程中，保持色彩之間的相對關係。也就是根據輸出設備的色域範圍，調整影像輸出的色度值，以求取原稿與複製影像色彩在視覺上的近似。常用於攝影圖像的複製。

· 相對色度對映（Media-Relative Colorimetric Matching）：色彩轉譯時，將設備各自的參考白（如紙白）對映到$L^*a^*b^*=(100, 0, 0)$。以便使兩媒體的色域範圍儘可能接近。當色彩在兩個媒體都能顯示時，對映的色值維持不變。落在輸出媒體色域之外的顏色，則改以輸出媒體色域邊緣上的近似色彩替代。

· 飽和度對映（Saturation Matching）：落在色域外的顏色，儘量對映到飽和度相同的可複製色彩上，以保持色彩的鮮豔度，影像亮度與色相無可避免有相當大的改變。該模式適合強調色彩鮮豔度的商業圖表色彩複製。

· 絕對色度對映（ICC-Absolute Colorimetric Matching）：與相對色度對映使用相同的對照表（參考白的$L^*a^*b^*$值為100, 0, 0）。色彩轉譯時，根據媒體參考白（紙白）與標準白（Perfect Diffuser）XYZ色刺激的比值，將對照表的數值按比例調整（明度下降），以顯示兩媒體在絕對色度上的差異。適合特別色（Spot Color）的跨媒體對色（打樣）之用。當色彩在兩個媒體都能顯示時，對映的色值維持不變。落在輸出媒體色域之外的顏色，則改以輸出媒體色域邊緣上的近似色彩替代。

9.4 ICC描述檔的資料結構

　　ICC色彩特性描述檔的結構包含三大部分（**圖9-3**），依序是：檔頭（header）、資料索引表（tag table）、資料索引內容（tag element）。資料索引內容可分必要資料區（required data），選擇資料區（optional data），以及私有資料區（private data）。每一筆資料索引的內容，首先以索引（tag）說明這筆資料的屬性（如參考白的三刺激值）以及內容資料的所在位置，接著在檔案尾端的指定位置放置內容資料（如三刺激值的三筆浮點數值）。前文曾提到ICC描述檔有許多類型，各種描述檔各自有不同的索引資料。在ICC官方網站http://www.color.org不但提供了ICC描述檔的格式說明，同時也提供免費軟體ICC Profile Inspector，方便使用者閱讀各種ICC描述檔的資料內容。

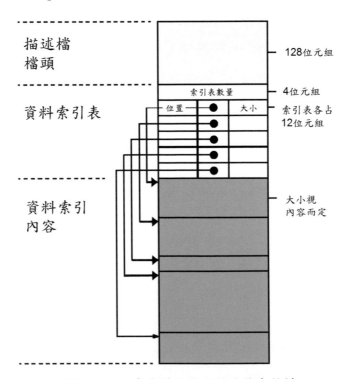

圖9-3　ICC色彩特性描述檔的檔案結構

　　ICC描述檔的色彩資料描述有兩種主要的型式，矩陣式（matrix-based）與對照表（lookup-table-based）。前者多用於顯示器與影像輸入設備，主要結構包含用於亮度線性化校正用的一維階調複製曲線對照表（或者僅記錄階調曲線的γ係數），以及3×3大小的色彩轉換矩陣（見**圖9-4**），該矩陣一般而言，記錄了RGB三原色的XYZ刺激值。RGB色彩訊號經此兩階段轉換後，所獲得的色彩訊號是XYZ刺激值，必須利用色彩管理系統進一步轉換至LAB，以便跟輸出端連結。這一類型的描述檔占用的記憶體空間非常之小，因此適合嵌入在影像檔案之中，讓描述檔隨著影像傳遞。

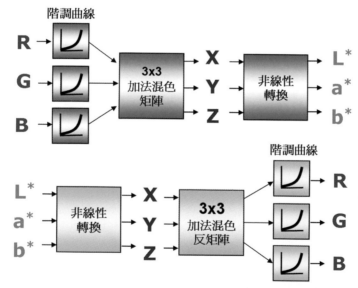

圖9-4　矩陣式（Matrix-based）資料運算流程
（以RGB訊號值與LAB值的雙向轉換為例）

　　對照表式描述檔多用於印表機等輸出設備。其主要結構包含三組階調曲線（A/M/B curves），一個多維空間的色彩對照表（CLUT），以及一個3×4的色彩調整矩陣（見**圖9-5**）。A/M/B三

組階調曲線，分別用來調整設備訊號值（A）、矩陣處理值（M）、以及PCS值（B）。3×4矩陣與M階調曲線通常不做調整。這種描述檔的大小一般在1MB左右，多維空間的色彩對照表（CLUT）必須利用內差法運算，運算成本遠比矩陣式描述檔要高。因此色彩對照表（CLUT）往往直接記錄DDC訊號與LAB值之間的對映關係，以節省XYZ至LAB之間非線性運算的昂貴成本。

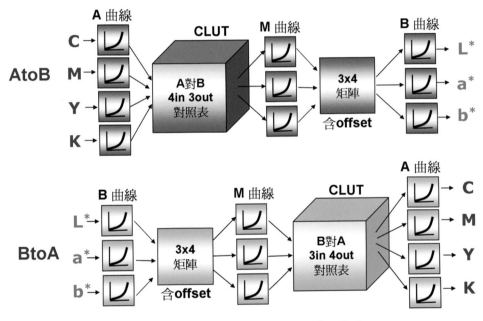

圖9-5　對照表式（LUT-based）資料運算流程
（以CMYK訊號值與LAB值的雙向轉換為例）

9.5　ICC描述檔的來源與應用

1. ICC描述檔的來源

　　市售影像設備未必附有該設備的原廠ICC描述檔。此時，最簡便的方式就是「選用類似設備的描述檔」。色彩管理系統當然無法

使用非設備專屬的描述檔作正確的色彩轉換，但相似的設備在演色特性上通常不致有太大的差異。話說如此，最好還是能「找到設備專屬的描述檔」。這些專屬描述檔的來源，部分可從廠商的官方網站下載，但更多是由熱心人士自行測量建製的。尤其是數位相機的ICC描述檔，經常可以在攝影相關網站上找到。

由於測量的環境、設定、描述檔製作軟體、以及相機性能不可能每台都完全相同，因此相關網站上由私人提供的ICC描述檔，即使型號相同，數據也未必完全吻合。雖然採用這種設備專屬的ICC描述檔能夠提高色彩轉譯的準確度，但仍不如「對個別設備訂製描述檔」。若想要自行建立ICC描述檔，首先需要獲得能夠建立描述檔的軟體（如GretagMacbeth ProfileMaker或MonacoEZcolor），以及測色儀器。在輸出設備方面，由於相關測色儀器的價格昂貴，因此可自行印出測試導表，再寄給擁有這些設備的公司或個人處理，獲得為個別設備量身訂作的ICC描述檔。

直接以大型海報輸出機印製攝影作品的專業攝影師，往往希望能夠按照某種特定的風格呈現色彩。因此需要一個能夠「編輯ICC描述檔」的軟體（如GretagMacbeth ProfileEditor軟體），進行調色的工作。經過調色之後，複製影像的色彩未必準確，但可能更加賞心悅目。雖說編輯ICC描述檔能夠使色彩更加賞心悅目，但沒有色彩調整經驗的人會不知從何調起。

所有支援ICC色彩管理系統的軟體都會到指定的檔案匣搜尋ICC描述檔。Windows XP與Vista的ICC描述檔放在\windows\system32\spool\drivers\color。Mac OS X的描述檔則放在\library\colorsync\ColorSync Profiles。

2. 掃描器

　　在掃描器色彩校正上最常使用的色彩導表是美國國家表準局（ANSI）所定義的IT8.7/1與IT8.7/2。前者是4×5英吋及35mm的透明片，用於幻燈片掃描器與透射式掃描器的色彩校正。後者是5×7英吋的相紙，用於反射式掃描器的色彩校正（**圖9-6**）。在上述導表中，下方的灰階是用來作灰階校正之用。IT8.7/1與IT8.7/2導表已被國際標準組織認可為影像輸入設備的標準測試導表（見ISO 12641文獻），因此又稱ISO 12641導表。

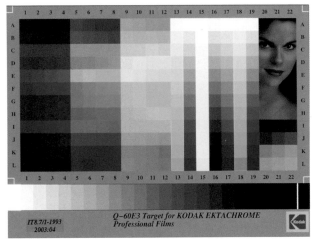

圖9-6　用於掃描器色彩校正的ANSI IT8.7/2（ISO 12641）色彩導表

3. 數位相機

　　雖然IT8.7/2也可以用來獲取製作數位相機ICC描述檔所需要的資訊，但是數位相機最常使用的色彩導表卻是GretegMacbeth公司所出品的ColorChecker色卡（**圖9-7左**）。這個色卡共有24個色塊，包含灰階，RGBCMY主色，以及膚色等數位攝影的重要參考色。這些色塊的表面是不反光的，因此將色卡擺在戶外場景中，光源角度的改變並不會對顏色造成顯著的影響。但24個色塊

在迴歸運算上仍不具備足夠的代表性，ColorChecker無法滿足要求高色彩精確度的數位典藏應用，因此GretegMacbeth公司另行推出了ColorCheckerSG色卡。SG色卡的表面光澤度較高（Semi-Glossy），因此能呈現彩度極高的色塊，但色彩容易受到光源角度的影響，僅適用於攝影棚內，45度角打光的拍攝作業。SG色卡共有140個色塊，周圍的44個無色彩色塊是用來作照明均勻度校正的（圖9-7右）。SG色卡的中央上半部與ColorChecker色彩相同，但下方有更多的灰階，周圍則擁有更多的膚色與逼近數位相機色域邊界的鮮豔色彩。SG色卡對於書畫文物的翻拍作業，能夠提供更準確的色彩校正。至於該公司先前推出的ColorCheckerDC，雖然擁有更多的色塊（240塊），但色彩校正的效果並不理想，目前已停止販售。

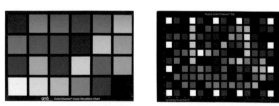

圖9-7　ColorChecker（左）與ColorCheckerSG測試導表（右）

　　數位相機的色彩校正遠比掃描器困難，掃描器面對的是光譜特性差異不大的CMYK色料，數位相機面對的則是自然界中形形色色光譜成分天差地遠的光源與物質，因此容易造成條件等色的問題。也就是說，某些顏色在人眼看起來完全相同，但數位相機卻獲得截然不同的數值，反之亦然。此外自動曝光、階調對映、白平衡的設定，甚至拍攝環境光源的投射角度，都會嚴重影響色彩校正的準確度。

　　不過，數位相機廠商通常已經先幫我們調過色彩對映的關係，並假設以sRGB標準的顯示器為影像輸出對象，因此即使沒有使用量身訂作的描述檔，拍攝獲得的影像在標準螢幕上，也不至於產生嚴重偏色的現象。數位相機廠商通常是以喜好色的原則處理色域對映問題，因此拍攝獲得的影像可能比實景還要更鮮豔。如果使用自行建立的描述檔，或許能使色彩更準確，但鮮豔度極可能不如未經處理的影像。自行用色彩管理軟體（例如：GretagMacbeth ProfileMaker）所建立的相機描述檔，通常是對照表式，矩陣式的描述檔沒有辦法做細微的色彩調整。

4. 顯示器

　　雖然國際電工技術委員會（IEC）與影像電子工程標準協會（VESA）推薦了一些評估顯示器色彩特性的標準，但市售色彩管理軟體在製作ICC描述檔時，並未遵循上述任何標準。顯示器在建立ICC描述檔之前，必須先作色彩校正，一般針對顯示器所設計的色彩管理軟體都同時具有色彩校正與建立描述檔的功能。首先，我們可以利用色彩管理軟體的互動式視覺測量圖（如Adobe Gamma）或接觸式測色儀器（如ColorVision Spyder2Pro或GretagMacbeth Eye-One）獲得顯示器目前的階調參數與主色色度資訊。接著，色彩管理軟體根據使用者指定的階調（通常以gamma值描述階調曲線）與白點色溫，調整螢幕色彩，完成色彩校正工作。最後，色彩管理軟體根據相關數據，推算出色彩校正之後，描述檔內RGB訊號值與XYZ刺激值雙向轉換所需的所有數據，並據此製作描述檔。矩陣式描述檔的內容如**表9-1**所示。雖然Adobe Gamma也能產生描述檔，但由於沒有實際去測量RGB的CIE色度值，因此描述檔的

內容不可能精確，但對於手邊沒有測色儀器的一般使用者，Adobe Gamma所採用的視覺色彩校正技術仍然值得推薦。

表9-1　三原色顯示器矩陣式ICC描述檔的索引資料

索引名稱 (Tag Name)	內容說明
redMatrixColumnTag	加法混色矩陣的第一直行係數值
greenMatrixColumnTag	加法混色矩陣的第二直行係數值
blueMatrixColumnTag	加法混色矩陣的第三直行係數值
redTRCTag	紅色頻道的階調曲線
greenTRCTag	綠色頻道的階調曲線
blueTRCTag	藍色頻道的階調曲線
mediaWhitePointTag	媒體白點XYZ刺激值
chromaticAdaptationTag	色度適應轉換矩陣。只有當光源不是D_{50}時才用得到

　　由於sRGB是目前顯示器上最主要的色彩標準，因此色彩校正通常是以該標準的gamma 2.2、D65白點為準。但螢幕的亮度，通常是依顯示器的性能極限作設定。特別值得注意的是，如果將白點的相關色溫降低，螢幕的亮度與色域範圍通常會大幅下降。因此，除非有特別的理由（例如：跟幻燈片燈箱對色），不然應避免將螢幕的相關色溫降到D65以下。此外，由於LCD的階調先天上缺乏gamma函數的特質，而灰軸也容易偏移，ICC並未對LCD量身訂作適合的特性描述模式，因此透過ICC描述檔作色彩轉譯的準確度要比CRT低。新一代的螢幕校正軟體，在ICC描述檔中增加了一些只有特定軟體能夠解讀的私有資料，利用這些資料，能夠提高LCD的色彩精確度。

　　由於近年來，廠商針對不同的使用環境作了不同的色彩調整，這些經過調色的「情境模式」破壞了顯示器訊號值與CIE色度值之間的物理關係，因此用簡單的矩陣式描述檔，難以準確轉譯色彩。在這種狀況下，可採用對照表式描述檔。使用這種描述檔雖然能有效提高色彩轉譯的精確度，不過運算成本也隨之提高。

5. 印刷媒體

　　印刷媒體多半以CMYK四色油墨複製影像色彩，針對CMYK型印刷媒體製作ICC描述檔，常用的色彩導表包括以下三種（**圖9-8**）：

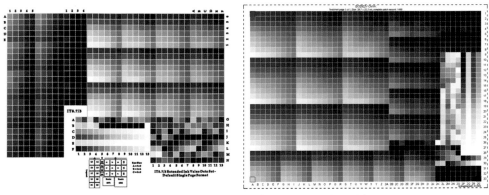

圖9-8　IT8.7/3（左圖）與ECI2002（右圖）

⑴IT8.7/3：美國國家標準局（ANSI）旗下的技術委員會在1993年制訂了IT8.7/3導表，擁有928個色塊。國際標準組織已採認此一標準導表，詳見ISO12642-1文獻。

⑵ECI 2002：歐洲色彩促進會（European Color Initiative, ECI）所推薦的ECI 2002導表擁有1,485個色塊。由於色塊較ANSI 8.7/3要多，因此能使描述檔的色彩轉譯準確度提高。ECI 2002已逐漸取代了IT8.7/3。

⑶IT8.7/4：新的ANSI IT8.7/4導表是由ECI 2002導表加上美國圖像
　藝術技術標準委員會（Committee for Graphic Arts Technologies
　Standards）所建議採用的132個測試色塊所組合而成的。於2006
　年底成為ISO12642-2標準，因此極可能取代ECI2002，成為業界
　未來的主流導表。

　　上述導表並不像IT8.3/2以及ColorChecker是以實體形式存在，
它們只是以許多CMYK色塊構成的標準影像檔。這個影像檔通常以
TIFF格式儲存。必須以印刷媒體經指定的流程處理，印製在紙張
上，利用測色儀器測量所有色塊獲得這些CMYK網點組合所呈現的
LAB色度值。影像檔的內容除了擁有CMYK的階調之外，最重要的
是含有用於內差運算的CMYK四度空間結構化色階。建立ICC描述
檔的軟體，利用結構化的色階，以兩階段式對照表內差法，推算出
所有CMYK網點組合所對映的LAB值。根據CMYK網點與LAB色度
的對映關係，軟體另行建立適合高速演算並符合ICC描述檔格規格
的四維對照表資料，並將這筆資料存放於描述檔中。

　　印刷出版需要在印表機上模擬印刷機的色彩，將印表機所印出
的模擬樣張給客戶認可。這種「數位打樣」的工作，需要把輸出設
備當成輸入設備來看。因此ICC描述檔中分別儲存了雙向數值轉換
所需要的資料，並分別在索引（tag）中，分別以AToB代表CMYK
至LAB的轉換，BToA代表LAB至CMYK的轉換。參照**圖9-5**，
AToB的資料包括了CMYK階調曲線（A）、CMYK至LAB的四維
色彩對照表（CLUT）、矩陣線性化曲線（M）、LAB混色矩陣
（Matrix），以及LAB階調曲線（B）。BToA的資料成員與AToB

相同，但排列次序相反。如果是對CMY或RGB三色訊號控制的印刷媒體製作ICC描述檔，其檔案結構仍與上述模式相似，但RGB媒體需要使用不同的色彩導表。

由於印刷媒體的色域往往小於影像輸入與顯示媒體，因此通常需要作色域壓縮對映。前文曾提到不同的影像複製目的需要採用不同的色域壓縮模式，因此在ICC描述檔中，有0, 1, 2三組根據不同色彩對應方式（Rendering Intents）所產生的色彩轉換資料。其中0代表知覺式對映，最常用於相片影像的色彩複製；1代表相對色度對映，適合在不同環境下觀色時的特別色校樣；2代表飽和度對映，適合講求鮮豔但不求精準的商業圖表色彩複製；4代表絕對色度對映，適合特別色在同一環境下的觀色比較。雖然ICC描述檔中並未存放模式4的資料，但是描述檔可以根據紙白的色度，從模式1的資料中推算模式4的運算結果。由於ICC描述檔儲存了三種轉換模式的雙向轉換資料，因此至少含有六筆龐大的對照表資料（見**表9-2**）。除了這些用於色彩中間轉換的資料之外，印刷媒體的描述檔還儲存了一個檢測選用的LAB色彩是否超出該媒體可複製色域範圍的LAB三維對照表（索引名稱為gamut TAG）。製作描述檔的軟體通常可以按照要求，產生不同精度的對照表。例如：上述四維對照表的大小可以是9×9×9×9、17×17×17×17、甚至是33×33×33×33。當然對照表的精度愈高，描述檔也就愈龐大。

表9-2　輸出媒體ICC描述檔的索引資料

索引名稱 (Tag Name)	內容說明
AToB0Tag	設備訊號至PCS值轉換: 感知式對映
BToA0Tag	PCS值至設備訊號轉換: 感知式對映
gamutTag	3D色域邊界資料
AToB1Tag	設備訊號至PCS值轉換: 相對色度對映
BToA1Tag	PCS值至設備訊號轉換: 相對色度對映
AToB2Tag	設備訊號至PCS值轉換: 飽和度對映
BToA2Tag	PCS值至設備訊號轉換: 飽和度對映
chromaticAdaptationTag	色度適應轉換矩陣。只有當光源不是D50時才用得到

6. ICC描述檔的使用

　　海報或書籍頁面中，多半含有許多來源不同的檔影像與插畫圖表，這些圖表可能各自攜帶著來源不同的ICC描述檔。描述檔有以下三種主要使用的方式：

・入ICC描述檔：把輸入設備的ICC描述檔嵌入影像檔案中。因此，影像即使在其它的色彩複製系統中，也可以正確的還原影像的色彩。可以嵌入ICC描述檔的檔案格式有TIFF、JPEG、PICT等。EPS與PDF也支援類似的功能。

・指定ICC描述檔：如果影像沒有嵌入ICC描述檔，任意指定一個ICC描述檔作色彩轉換之用。

・轉換ICC描述檔：根據影像原本嵌入的ICC描述檔，將設備訊號值轉換成LAB色度值，然後再根據新指定的ICC描述檔，將LAB值轉換成指定設備的訊號值。

　　以Adobe Photoshop CS2為例，如果利用色彩管理軟體建立的數位相機的描述檔，並完成顯示器的色彩校正，則該數位相機所拍攝的照片，只要選擇「編輯」／「指定描述檔」，勾選「描述檔」，並在下拉式選單中點選上述的相機ICC描述檔，再按「確定」。顯示器就能夠準確地呈現照片色彩。存檔時，若勾選「色彩」下的「ICC描述檔」，則上述的相機描述檔將「嵌入」（embed）至影像中。下次開啟該檔案時，Photoshop可能出現「嵌入描述檔不符」對話框。此時勾選「使用嵌入描述檔」能夠在保持RGB值不變的狀況下，使顏色正確呈現。注意：BMP與GIF格式無法嵌入ICC描述檔。

　　如果「編輯」／「色彩設定」下的「色彩管理策略」設為「關閉」，並勾選了「開啟時詢問」，在開啟內含描述檔的影像時，會面臨下列三種選項：

・使用嵌入描述檔「最準確」：這種方式能夠在經校正的螢幕上顯示正確的顏色，但影像的RGB資料並不會被改變。因此未來若直接連結印表機描述檔，轉換至印表機訊號，失真較少。

・轉換為使用中色域「次準確」：影像的RGB值會被轉換為「編輯」／「色彩設定」下的「RGB使用中色域」（例如：sRGB）對映值。顏色在螢幕上看起來雖然正確，但如果再進一步轉換至印表機訊號值，容易因二度轉換而失真。如果這張影像未來將在無法使用描述檔的軟體使用（例如：網路瀏覽器），通常會將影像轉換至sRGB再儲存使用。因為sRGB是電腦螢幕的標準規格。

・放棄嵌入描述檔「失真」：影像的RGB值會被當成「編輯」／「色彩設定」下的「RGB使用中色域」來顯示。影像的RGB值不變，但顏色失真。

9.6 ICC色彩管理系統的問題

　　ICC色彩管理系統有以下幾個問題：PCS的定義不夠明確。建立ICC描述檔的方式沒有一定的標準。CMM的轉譯方式缺乏一套規範。色域對映沒有明確的準則，理想印刷媒體的色域沒有明確被定義。使用指定參考環境的PCS，導致輸出／輸入中，經過兩次的色外貌轉譯以及色域對映，因此降低了色彩複製的準確度，且容易產生量化誤差所造成的色調分離問題。

9.7 Windows Vista中的色彩管理系統

　　ICC色彩管理系統最大的問題是所有設備在建立描述檔時，已經分別將設備色域對映至理想印刷媒體的色域，這種設計雖然能節省影像處理的時間，但各廠商所定義的理想印刷媒體色域並不相同，使用的色域對映模式也不同，因此無法針對兩設備之間的色域差異選用最佳的色域對映模式。

　　為了解決上述問題，Microsoft與Canon兩家公司攜手合作，在Windows Vista作業系統中，內建了新一代的色彩管理系統Windows Color System（WCS）。它與ICC色彩管理系統最大的區別是WCS描述檔中的設備色彩資料是直接由測量獲得的（measurement-base profiles），不需像ICC描述檔那樣，需要將所測得的設備色彩資料事先轉換至PCS環境，完成色域對映後，再將色彩資料存入描述檔。WCS的架構與圖9-2所介紹的「六階段跨媒體色彩複製系統」相當類似。WCS色彩管理系統有三個主要的工作階段：第一階段是輸入設備模式描述檔（device model profiles），並選用適當的色外貌模式

描述檔（color appearance profiles）與色域對映描述檔（gamut map profiles）。第二階段則根據第一階段所選用的模式，設定觀色環境參數，製作色彩對照表。第三階段則根據第二階段所獲得的色彩對照表，對影像作色彩轉換。如果使用的媒體組合不變，則不需經常執行前兩個工作階段。

WCS與ICC色彩管理系統除了上述差異外，尚有：

- ICC以D50色溫下的LAB為PCS；WCS則以CIECAM02的JCh空間，作為色彩溝通的橋樑。

- ICC的色彩轉換只需要一種描述檔，但WCS需要三種描述檔，分別是設備模式描述檔（Device Model Profile）、色外貌模式描述檔（Color Appearance Model Profile）、以及色域對映描述檔（Gamut Mapping Model Profile），它們的副檔名分別是cdmp、camp及gmmp。

- WCS提供了數種內建的設備模式和色域對映模式，但設備廠商可以在使用者安裝設備驅動程式時，同時安裝外掛的程式至WCS進行色彩轉換。設備模式描述檔與色域對映模式描述檔中需載明這些色彩轉換模式的名稱。

- WCS描述檔中的設備色彩資料是直接由測量獲得的，不需像ICC描述檔那樣將色彩資料事先轉換至標準環境下的相應數值。這些色彩資料放置在cdmp描述檔中。

- ICC描述檔將四種色彩對應方式（Rendering Intents）的色彩對照表放在同一個描述檔中。但WCS的每一種色對映模式，各有一個專屬的gmmp檔。ICC的感知式、相對色度、飽和度、絕對色度對應模式，在WCS中分別被稱作：感知（用於相片影像）、相對色彩

濃度（用於藝術／線條）、商業圖表（用於圖表與圖形）與絕對色
彩濃度（用於模擬紙張）。

・以「間接」方式進行環境與色域轉換的ICC技術容易產生轉換誤
差。相較之下，WCS「直接」從影像來源環境轉換至目的地環
境，沒有多餘的環境與色域轉換，因此理論上色彩表現會優於
ICC。

・ICC 描述檔以binary格式儲存，編輯困難；WCS 描述檔則以XML
格式儲存，容易編輯。

・支援16-bit sRGB影像格式與16及32-bit scRGB廣色域色彩標準。

・WCS支援ICC描述檔。

9.8 結論

　　本章逐一介紹了色彩管理系統的發展背景、ICC色彩管理系統的
架構、ICC描述檔的資料結構、描述檔的來源與應用、ICC色彩管理
系統的缺點，以及最新的Windows Color System。ICC色彩管理系統
自推行以來，獲得相關廠商一致的支持，使色彩管理的無障礙環境得
以成功建立。然而，本章也提到的ICC系統的一些問題，有些問題牽
涉到ICC系統的創建精神（例如：以D_{50}色溫，理想印刷媒體的LAB值
作為PCS），因此難以調整。Microsoft推出的WCS能否取代擁有十年
歷史的ICC色彩管理系統，有賴相關產業的配合與支持。讓我們拭目
以待，看看WCS是否能改變今日的色彩管理世界。

顯示色彩工程學

參考書目

1. Adams II R. M. and Weisberg J. B. (2000) The GATF Practical Guide to Color Management, 2nd Edition, GATF Press.

2. ANSI(1993). ANSI IT8.7/1 Color Transmission Target for Input Scanner Calibration, ANSI.

3. ANSI(1993). ANSI IT8.7/3 Input Data for Characterization of Four-Color Process Printing, ANSI.

4. CIE(2004). Guideline for evaluation of gamut mapping algorithms, CIE TC8-03, CIE Central Bureau, CIE 156: 2004.

5. Fraser, C. Murphy, F. Bunting(2003). *Real world color management*, Peachpit Press, Berkeley, CA.

6. Green P. (1999). Understanding Digital Color, 2nd Edition, GATF Press, Chapter 7.

7. Hunt R. W. G. (1998). *Measuring colour*, 3rd Edition, Fountain Press, England.

8. ICC(2001). Specification ICC. 1: 2001-04--File Format for Color Profiles, 2001, International Color Consortium.

9. ISO(2000). Viewing Conditions: Graphic Technology and Photography, ISO Standards 3664: 2000.

10. ISO(2004). 12647-2:2004: Graphic technology -- Process control for the production of half-tone colour separations, proof and production prints--Part 2: Offset lithographic processes.

11.Moroney N., Fairchild M. D., Hunt R. G. W., Li C., Luo M. R. and Newman T. (2002). CIECAM02 Color Appearance Model, Proceedings of the 10th IS&T/SID Color Imaging Conference, 23-27.

12.Rodney A. (2005). Color management for photographers, Focal Press.

13.Wallner D. (2002). Color Management and Transformation through ICC Profile, Colour Engineering–Achieving Device Independent Colour, Green P. and MacDonald L. W. (eds.), John Wiley & Sons, Ltd., 247-261.

第十章
影像工業的標準
色彩空間

10.1 前言

　　同樣的RGB訊號在不同廠牌或不同類型的設備上，未必能顯示相同的色彩。為了使同類型的設備都能夠不經複雜的色彩轉換即獲得準確的複製色彩，因此需要制訂統一的影像工業色彩標準，作為廠商生產製造以及設備色彩校正的依據。本章將針對RGB色空間的定義方式、重要的RGB色空間規格標準、視訊色彩標準、廣色域色彩標準、以及印刷媒體色彩標準作介紹。

10.2 RGB色空間的定義方式

　　RGB色空間標準化的三個主要關鍵參數分別是：

1. Gamma值

　　描述RGB訊號與亮度Y之間在常態化之後的關係。兩者之間的關係曲線又稱作階調複製曲線（Tone Reproduction Curve, TRC）。如果數位訊號與電壓之間呈線性關係，則可用光電轉換函數（Opto-Electronic Transfer Function, OETF）描述訊號與亮度。

2. 白色（white point）的色度座標

　　多半以CIE D illuminant的（x, y）色度座標為白色色度標準。其中，在顯示器上最常見的白色標準是D_{65}，它的相關色溫是6,504K。雖然將螢幕白色設定成D_{65}並不能獲得最高的亮度與最大的色域範圍，但是D_{65}在肉眼看來是最接近純白色的，將顯示器的白色調成D_{65}可避免人眼色度適應現象所造成的視覺色彩偏移與色彩複製問題。

3. RGB三原色（RGB primaries）的色度座標

　　RGB三原色的色度座標直接決定了色域的範圍。根據色光加法混合（Color Additive Mixing）定理，可知RGB三原色在(x, y)色度圖上所構成的三角形，代表了用這三種原色混合所能得到的所有顏色的最大範圍。如果顯示器三原色的主波長接近人眼亮度敏感度最高的555nm，則能夠獲得理想的亮度表現，但色域反而會變小。要獲得最大的色域，綠原色必須往偏藍的短波長方向移動，紅／藍原色則向亮度敏感度極低的光譜兩端移動。如此設計下的顯示色域，在(x, y)色度圖能夠獲得較大的面積，但是亮度會降低。色域大小與發光效率是顯示器效能的兩個重要指標，由上述討論可知，廣色域顯示器往往亮度不足，選用亮度高的RGB原色可能導致色域範圍縮小。

　　定義各種常用RGB色空間的參數可以直接從著名影像處理軟體Adobe Photoshop中的「顏色設定（Color Setting）」視窗中讀取。以最新的CS2版為例，先按下「編輯」／「顏色設定」下的「更多選項」，再點選「使用中色域」，在RGB下拉式選單中選取任一個RGB色空間名稱。然後再點選該選單裡最上面一行的「自訂RGB」，就會看到這個RGB色空間的所有參數。這些參數包含了上述的gamma, white point，以及RGB primaries三大部分。

　　一般而言，RGB訊號與XYZ之間的轉換模式，包括了將輸入訊號作亮度線性化轉換的階調複製曲線（TRC），以及利用色光加法混合原理設計的RGB三原色XYZ值加法混色矩陣（3×3大小）。**公式10-1**與**公式10-2**以矩陣形式描述上列運算。式中，(d_R, d_G, d_B)代表

8-bit數位RGB訊號，經過gamma運算，分別獲得代表RGB三原色亮度百分比的（R, G, B）值，接著透過**公式10-2**中，RGB各原色100%輸出時的XYZ_{max}值，算出各原色實際輸出的XYZ刺激強度。最後利用色光加法混合原理，將RGB三原色的XYZ相加，獲得混合色的XYZ刺激值。

$$\begin{bmatrix} R \\ G \\ B \end{bmatrix} = \begin{bmatrix} \text{TRC}(d_R) \\ \text{TRC}(d_G) \\ \text{TRC}(d_B) \end{bmatrix} = \begin{bmatrix} (d_R/255)^{\text{gamma}} \\ (d_G/255)^{\text{gamma}} \\ (d_B/255)^{\text{gamma}} \end{bmatrix} \quad \text{（10-1）}$$

$$\begin{bmatrix} X \\ Y \\ Z \end{bmatrix} = \begin{bmatrix} X_{R.max} & X_{G.max} & X_{B.max} \\ Y_{R.max} & Y_{G.max} & Y_{B.max} \\ Z_{R.max} & Z_{G.max} & Z_{B.max} \end{bmatrix} \begin{bmatrix} R \\ G \\ B \end{bmatrix} \quad \text{（10-2）}$$

　　公式10-2中3×3混色矩陣的XYZ刺激值總和，必須等於指定白色標準的刺激值。也就是當我們送出$d_R=d_G=d_B=255$的白色訊號時，混合色的（x, y）色度座標必須符合指定的白色標準（例如：D65的(x, y) =(0.3127, 0.329)）。然而，Photoshop的顏色設定（Color Settings）視窗中，並未提供這個3×3矩陣，只列出RGB三原色以及白色的（x, y）色度座標，因此我們必須根據這些資訊推導出所需的3×3混色矩陣。

　　（x, y, z）分別代表色彩中紅／綠／藍三色的相對含量，其總和為1。由於$z=1-x-y$，RGB三原色的（x, y）值補上z，即獲得3×3的xyz矩陣（見**公式10-3**）。只要將RGB三原色的xyz值分別乘上各原色的相對亮度放大比率（S_R, S_G, S_B）以及白色的亮度Y_w，即可獲得所需的3×3矩陣。**公式10-3**以矩陣形式描述了上述資料的關係，其中的（S_R, S_G, S_B）可經由**公式10-4**，利用白色（x, y）色度值的相對比例關係獲得。

$$\begin{bmatrix} X_{R.\max} & X_{G.\max} & X_{B.\max} \\ Y_{R.\max} & Y_{G.\max} & Y_{B.\max} \\ Z_{R.\max} & Z_{G.\max} & Z_{B.\max} \end{bmatrix}$$

$$= Y_w \begin{bmatrix} x_R & x_G & x_B \\ y_R & y_G & y_B \\ z_R & z_G & z_B \end{bmatrix} \begin{bmatrix} S_R & 0 & 0 \\ 0 & S_G & 0 \\ 0 & 0 & S_B \end{bmatrix} \quad \text{……………………（10-3）}$$

$$\begin{bmatrix} S_R \\ S_G \\ S_B \end{bmatrix} = \begin{bmatrix} x_R & x_G & x_B \\ y_R & y_G & y_B \\ z_R & z_G & z_B \end{bmatrix}^{-1} \begin{bmatrix} x_W / y_W \\ 1 \\ z_W / y_W \end{bmatrix} \quad \text{……………………（10-4）}$$

公式10-1與公式10-2的逆向運算見公式10-5與公式10-6。將0至255間的RGB訊號值，經公式10-1與公式10-2轉換至LAB值，再將此數值帶入公式10-5與公式10-6，理論上能夠不失真地還原輸入的RGB訊號值；但實際上，8-bit階調的量化誤差，可能會導致RGB與LAB數值的輕微失真。為了降低階調數不足所造成的量化誤差，可選用16-bit的影像資料記錄模式進行色空間轉換，當然影像檔的大小會因此倍增，運算成本也隨之提高。

$$\begin{bmatrix} R \\ G \\ B \end{bmatrix} = \begin{bmatrix} X_{R.\max} & X_{G.\max} & X_{B.\max} \\ Y_{R.\max} & Y_{G.\max} & Y_{B.\max} \\ Z_{R.\max} & Z_{G.\max} & Z_{B.\max} \end{bmatrix}^{-1} \begin{bmatrix} X \\ Y \\ Z \end{bmatrix} \quad \text{……………………（10-5）}$$

$$\begin{bmatrix} d_R \\ d_G \\ d_B \end{bmatrix} = \begin{bmatrix} \mathrm{TRC}_R^{-1}(R) \\ \mathrm{TRC}_G^{-1}(G) \\ \mathrm{TRC}_B^{-1}(B) \end{bmatrix} = \begin{bmatrix} 255 \cdot R^{1/\mathrm{gamma}_R} \\ 255 \cdot G^{1/\mathrm{gamma}_G} \\ 255 \cdot B^{1/\mathrm{gamma}_B} \end{bmatrix} \quad \text{……………………（10-6）}$$

認識了上述關鍵參數與XYZ值之間的數學關係，就能夠對各種常見的RGB色空間，作訊號值與色刺激值之間的雙向轉換運算。

表10-1　各種重要RGB標準的規格

RGB 色彩空間	白	伽碼值	紅		綠		藍	
			x	y	x	y	x	y
NTSC	C	2.2	0.6700	0.3300	0.2100	07100	0.1400	0.0800
PAL/SECAM	D65	2.2	0.6400	0.3300	0.2900	0.6000	0.1500	0.0600
SMPTE-C （SDTV）	D65	2.2	0.6300	0.3400	0.3100	0.5950	0.1550	0.0700
HDTV	D65	2.2	0.6400	0.3300	0.3000	0.6000	0.1500	0.0600
Apple RGB	D65	1.8	0.6250	0.3400	0.2800	0.5950	0.1550	0.0700
sRGB/scRGB	D65	2.2	0.6400	0.3300	0.3000	0.6000	0.1500	0.0600
CIE RGB	E	2.2	0.7350	0.2650	0.2740	0.7170	0.1670	0.0090
Wide Gamut RGB	D50	2.2	0.7347	0.2653	0.1152	0.8264	0.1566	0.0177

10.3 重要的RGB色空間標準

1. TV的RGB標準

　　在TV的發展史上，有四個重要的標準RGB色空間，分別是
NTSC（1953）、PAL/SECAM、SDTV與HDTV所採認的標準。美
國國家電視系統委員會（NTSC）在1953年根據當時的技術定義了
RGB原色的（x, y）色度值，白色則採用了CIE舊的日光照明標準
Illuminant C（相關色溫6,774K）。NTSC標準受到國際通信聯盟採
認（見ITU-R Report624）。然而，電視的製造商對NTSC標準下，
綠原色的亮度不滿意，因此在實務上，以發光效率較好的黃綠色取
代。1966年，歐洲廣播聯盟（EBU）根據現實需要，制訂了新的
RGB原色以及白色的色度標準（詳見EBU3213技術報告）。這個

新標準被歐洲的PAL播放系統以及法／俄兩國的SECAM系統所採用。由於CIE當時已經推薦了新的日光照明標準illuminant D，因此PAL/SECAM的白色色度採用了接近illuminant C的新標準，也就是相關色溫6,504K的D65。電影與電視工程師協會（SMPTE）在145號報告「SMPTE-C：Color Monitor Colorimetry」中，為標準畫質電視系統（Standard Definition TV, SDTV）定義了新的RGB原色色度標準。這個標準比PAL/SECAM的色域要小一點點，它的綠原色比PAL/SECAM略黃。國際通信聯盟（ITU）認可了上述的SDTV色度標準（見ITU-R BT.601-5）。在1990年所制訂的高畫質電視系統（High Definition TV, HDTV）標準中，RGB原色的色度定義有所調整，新標準詳見ITU-R BT.709-2文獻。HDTV參考了PAL/SECAM的紅／藍原色標準，但在綠原色上，採用了PAL/SECAM與SMPTE-C的色度平均值，HDTV的三角形色域面積比SDTV大了7.99%。表10-1列出了多種標準RGB色空間的定義參數。

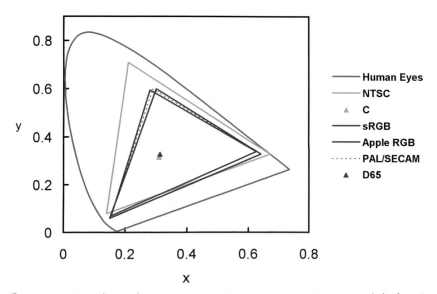

圖10-1　NTSC（1953），PAL/SECAM, Apple RGB以及sRGB的色域比較

2. 顯示器的RGB標準

電腦的顯示器色彩標準原本由各廠商所主導，例如：Radius、Apple以及NEC等公司都各自定義了不同的RGB色彩標準。1996年，HP與Microsoft公司意識到缺乏世界統一的顯示器色彩標準將對數位攝影、網路購物等應用造成極大的困擾，因而建議所有廠商拋棄成見，全部採用一個標準的RGB空間作為色彩資訊溝通的橋樑。這個標準的RGB空間簡稱sRGB（standard RGB），是以當時的映像管（CRT）顯示器規格（gamma近似2.2，白色亮度為80cd/m^2），加上ITU-R BT.709-2HDTV電視系統規定的RGBW色度座標（白色色度為D_{65}），制訂而成。國際電工技術委員會（IEC）於1999年將sRGB制定為多媒體系統與設備的標準RGB色空間，詳見IEC 61966-2.1文獻。該文獻同時定義了sRGB的標準觀色環境。其環境照明的色度為D_{50}，照度為64 lux，螢幕表面反射率假設為1%，而觀色環境的反射率是20%。需注意，sRGB之階調複製曲線（TRC）的公式是if $(d/255) > 0.0392$ then $C = ((d/255 + 0.055)/1.055)^{2.4}$，otherwise $C = (d/255)/12.92$。其中d代表8-bit的RGB訊號值，C則代表常態化後的亮度比例值，範圍在0～1之間。這與前述gamma模式的$C = (d/255)^{2.2}$，運算結果極為近似，但接近黑色的數值C，在gamma模式下都非常接近0，容易在量化階調數不足的情況下使不同的d值換算成相同的C值。因此，在sRGB的標準算式中，將暗部的準位拉高，以避免暗部色彩訊號失真。

圖10-1顯示了上述兩大類色彩標準的在（x, y）色度圖上的色域範圍。

3. 廣色域的RGB標準

　　上述標準都是基於映像管（CRT）的色彩特性而制訂的，在數位相機與印刷媒體上有許多更鮮豔的可複製色彩，是上述RGB標準值所無法記載的。尤其在數位典藏的應用上，希望將文物的色彩精確記錄下來。因此，需要制訂色域更廣的RGB色空間，才能夠精確地複製這些標準螢幕上看不到的鮮豔色彩。

　　第一個重要的廣色域RGB標準是CIE RGB。它的RGB原色即是CIE 1931配色函數推導實驗中所採用的RGB原色，它們的主波長分別是700 nm/546.1 nm/436.8 nm。由於這些原色在光譜上的頻寬狹窄（1nm左右），因此它們的 (x, y) 色度座標分別座落在馬蹄形光譜軌跡之上，該實驗的參考白是CIE的E光源，也就是等能白光（equal energy white），(x, y) 色度值是（0.333, 0.333）。然而，由這三原色所構成的RGB色域並沒有覆蓋馬蹄形視覺色域大部分的面積。如果要建構色域更廣的RGB標準，必須在光譜上另行選擇能夠使色域更大的RGB原色。Wide Gamut RGB標準就是根據此一原則而制訂的，它的RGB色度座標座落在光譜軌跡的700nm/525nm/450nm上。由於這個空間主要適用於印刷媒體，因此白色的標準參照了ISO 3664印刷媒體觀色環境標準所建議的D50（相關色溫5,003K）。

　　雖然廣色域RGB色空間能夠記錄許多顯示器無法呈現的鮮豔色彩，但是如果以8-bit訊號去記錄RGB各階調的變化，會因為色階之間的色差擴大，而產生影像階調不連續的現象。這種跳階的現象在天空、皮膚等均勻的漸層變化上特別明顯。因此，色域太廣的RGB空間也不見得適用於一般的色彩複製應用。影像處理領域的領導廠

商Adobe因此在1998年推薦了一個色域大小適中，接近NTSC標準的Adobe RGB（1998）色空間，讓數位相機顯示器以及印刷媒體大部分的色彩，能夠用8-bit的RGB色階，在不產生明顯跳階問題的環境下，被正確地記錄下來。Adobe RGB（1998）色空間因此特別受到攝影師、設計師，以及出版業者的愛用。

圖10-2顯示了sRGB以及上述三種廣色域色彩標準的在（x, y）色度圖上的色域範圍。

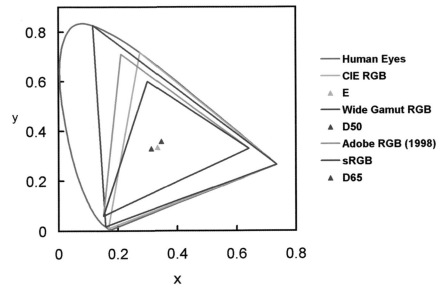

圖10-2　sRGB, CIE RGB, WideGamut RGB以及　Adobe RGB（1998）的色域比較

圖10-3比較了sRGB, Adobe RGB以及ISO四色印刷在CIELAB色空間下的立體色域。明顯可見，sRGB無法描述印刷上大量鮮豔的青色。Photoshop是美工設計最愛用的影像編輯軟體，如果我們在「顏色設定」上，以ISO標準銅板紙為CMYK指定色域（使用

ISO coated的色彩描述檔），並以sRGB為RGB指定色域，用絕對色度（Absolute Colorimetric）對映方式轉換色彩，則許多CMYK印刷上所使用的顏色，在轉換至RGB後，會因為超出sRGB色域，而對映至彩度較低的色度值。將此RGB色彩再次轉換至CMYK後，會發現CMYK數值會與原始值有很大的差距。但是，如果將RGB色域設定成色域範圍較大的Adobe RGB（1998），則CMYK→RGB→CMYK的轉換，並不會造成嚴重的失真。以（C, M, Y, K）＝（100, 0, 0, 0）%的青色為例，它在ISO coated下的彩度$C*$是64.8，轉換至sRGB後，受到sRGB色域的限制，彩度$C*$降為53.2，轉換回CMYK後數值成為（C, M, Y, K）＝（83, 19, 0, 0）%（**圖**10-4）。但如果採用色域較廣的Adobe RGB，轉換後的彩度$C*$仍是64.8，轉換回CMYK後的數值與原始值相當接近（見**圖**10-5）。為了在RGB空間下編輯那些超出顯示器色域的印刷媒體色彩，美工設計師偏好在Adobe RGB（1998）色空間下編輯色彩。

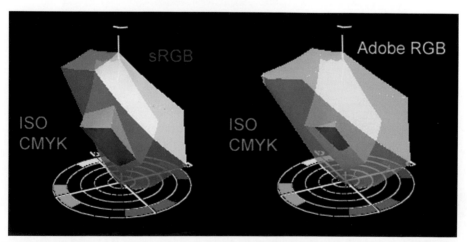

圖10-3　sRGB, Adobe RGB以及ISO四色印刷在CIELAB色空間下的立體色域。明顯可見，sRGB無法描述印刷上大量鮮豔的青色

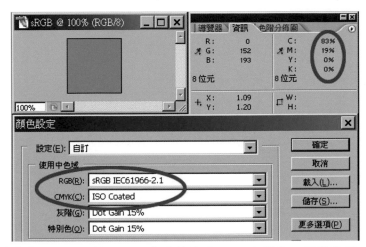

圖10-4　將青色C=100%從CMYK空間轉換至sRGB空間後，再轉換至CMYK空間
　　　　所產生的巨大差距（彩度降低18%）

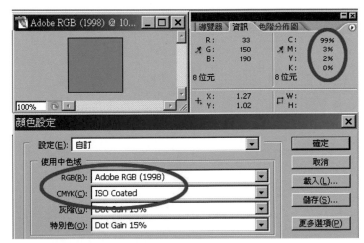

圖10-5　將青色C=100%從CMYK空間轉換至Adobe RGB（1998）空間後，
　　　　再轉換至CMYK空間所產生的微小差距（彩度不變）

10.4 視訊色彩標準

　　以NTSC（1953）標準傳送視訊時，必須先將RGB轉成亮度與色
差訊號（如YIQ），其目的是除了讓黑白電視能夠即時讀取亮度訊號

直接顯示外，更重要的是將人眼較敏感的亮度訊號（如Y），以較大的頻寬傳送，視覺上較不敏感的色差訊號（如I與Q），則使用較低的取樣與量化密度，以較窄的頻寬傳送。此外，在YIQ三個頻道上分別作影像雜訊消除與輪廓增強的效果，也優於直接對RGB訊號作處理。

　　與YIQ類似的類比電視傳送標準有歐洲PAL/SECAM系統的YUV，ITU國際通信組織的YCbCr等。YIQ與YUV標準的差異在於UV的座標軸較IQ旋轉了33度（詳見**公式10-7**與**公式10-8**）。

$$\begin{bmatrix} Y \\ U \\ V \end{bmatrix} = \begin{bmatrix} 1 & 0 & 0 \\ 0 & 0.492 & 0 \\ 0 & 0 & 0.877 \end{bmatrix} \begin{bmatrix} Y \\ d_B - Y \\ d_R - Y \end{bmatrix}$$

$$= \begin{bmatrix} 0.299 & 0.587 & 0.114 \\ -0.147 & -0.289 & 0.436 \\ 0.615 & -0.515 & -0.100 \end{bmatrix} \begin{bmatrix} d_R \\ d_G \\ d_B \end{bmatrix} \quad\quad （10\text{-}7）$$

$$\begin{bmatrix} Y \\ I \\ Q \end{bmatrix} = \begin{bmatrix} 1 & 0 & 0 \\ 0 & \cos 33° & -\sin 33° \\ 0 & -\sin 33° & \cos 33° \end{bmatrix} \begin{bmatrix} Y \\ U \\ V \end{bmatrix}$$

$$= \begin{bmatrix} 0.299 & 0.586 & 0.114 \\ -0.596 & -0.275 & -0.322 \\ 0.211 & -0.523 & 0.312 \end{bmatrix} \begin{bmatrix} d_R \\ d_G \\ d_B \end{bmatrix} \quad\quad （10\text{-}8）$$

　　ITU-R BT.601與ITU-R BT.709文獻不但分別定義了SDTV與HDTV的RGB色彩標準，也定義了RGB至YCbCr訊號之間的轉換方式。其中，Cb與Cr分別代表藍／黃與紅／綠的色差訊號。

　　理論上，CIELAB色空間在描述影像色彩上較符合人眼的知覺，但是從任何一種RGB標準訊號轉譯至LAB值，必需經過數位數值常態化、非線性的gamma校正、線性的3×3加法混色矩陣運算，以及非線性LAB數值運算等四大步驟，相當不適合動態影像即時（real-time）

色彩轉換的需求，因此LAB空間僅適用於高品質靜態影像的色彩處理。動態影像則比較適合使用能夠直接將RGB訊號經3×3矩陣線性運算快速轉換至亮度與色差訊號空間的YIQ/YUV/YCbCr模式。這些模式雖然與人眼的色彩視覺沒有良好的線性關係，但就運算效率上，能夠滿足動態影像即時處理的需求。

值得注意的是，在YIQ/YUV/YCbCr中所指的Y並不是CIE所定義的亮度Y（Luminance），而是未經gamma校正的非線性亮度值，簡稱Luma。在ITU-R BT.601標準中，構成Luma的RGB比例是0.299：0.587：0.144。此外，還需注意JPEG與MPEG雖然都將RGB訊號轉換成YCbCr後，再進行壓縮儲存，但兩者的記錄方式不同。JPEG充分利用每個頻道0～255的階調範圍，MPEG則為了定義其它的控制訊號，將Luma的範圍壓縮至0～219範圍然後平移16單位，Cr/Cb則壓縮至正負112的範圍再平移128單位。JPEG與MPEG的轉換模式，分別呈現於**公式10-9**與**公式10-10**。

$$\begin{bmatrix} Y_{Luma} \\ Cb \\ Cr \end{bmatrix}_{8bit}^{JPEG} = round \left\langle \begin{bmatrix} 0.299 & 0.587 & 0.114 \\ -0.169 & -0.331 & 0.500 \\ 0.500 & -0.419 & -0.081 \end{bmatrix} \begin{bmatrix} d_{R(8bit)} \\ d_{G(8bit)} \\ d_{B(8bit)} \end{bmatrix} + \begin{bmatrix} 0 \\ 128 \\ 128 \end{bmatrix} \right\rangle \quad \cdots\cdots (10\text{-}9)$$

$$\begin{bmatrix} Y_{Luma} \\ Cb \\ Cr \end{bmatrix}_{8bit}^{MPEG} = round \left\langle \begin{bmatrix} 0.257 & 0.504 & 0.098 \\ -0.148 & -0.291 & 0.439 \\ 0.439 & -0.368 & -0.071 \end{bmatrix} \begin{bmatrix} d_{R(8bit)} \\ d_{G(8bit)} \\ d_{B(8bit)} \end{bmatrix} + \begin{bmatrix} 16 \\ 128 \\ 128 \end{bmatrix} \right\rangle \quad \cdots (10\text{-}10)$$

10.5 與sRGB相容的廣色域色彩標準

前一節曾提到，由於8-bit sRGB色空間無法記載落在CRT色域之外的色彩訊息，因此相關業者制訂了Wide Gamut RGB，Adobe RGB

（1998）等廣色域色彩標準。不過上述的標準都無法與sRGB相容。
因此，業者又另行設計了一些與sRGB相容的廣色域RGB標準。這
些RGB色空間沿用sRGB標準所採用的HDTV原色座標，但是容許
gamma校正後的（R, G, B）值超出0%～100%的範圍。據此計算出的
XYZ值，其（x, y）色度座標可能會落於RGB原色所構成的三角形色
域之外，也就是說，彩度度會高於sRGB所能記錄的範圍。由於8-bit
的階調不適合記載廣色域色彩，因此這些與sRGB相容的廣色域標準
都以超過8-bit的量化解析度，描述RGB色階的變化。目前已被標準組
織認可，並支援sRGB的廣色域RGB規格有：

・e-sRGB：HP公司倡議的廣色域色彩標準，規格詳見攝影與影像
　工業協會（Photographic and Imaging Manufacturers Association）
　PIMA7667:2001標準文獻。e-sRGB的全名是extended sRGB，顧
　名思義，是sRGB色標準的延伸。e-sRGB有10-bit，12-bit與16-bit
　的版本，RGB各原色能夠被記錄的亮度範圍是sRGB的−53%至＋
　168%。

・bg-sRGB：規格詳見IEC-61966-2.1:2002標準文獻。RGB各原色能
　夠被10-bit色階記錄的亮度範圍是sRGB的−50%至＋150%。這個標
　準並沒有被廣泛使用。

・scRGB：Mircosoft公司倡議的廣色域色彩標準，規格詳見
　IEC-61966-2.2:2003標準文獻。分12-bit非線性RGB格式，與16-bit
　線性RGB格式，RGB各原色的亮度範圍是sRGB的−50%至＋
　750%。Windows Vista已支援scRGB，可望成為主要廣色域RGB標
　準。

　　IEC-61966-2.1的修訂版定義了sRGB相應的YCbCr空間，稱作sYCC，數位相機的Exif標準檔案格式已經採用此一視訊標準（詳見JETA CP-3451文件）。但是sYCC能夠記錄的色彩範圍有限。由於近年來，顯示器的技術突飛猛進，色域範圍不斷提升，因此sRGB以及相應的sYCC無法滿足新一代廣色域顯示器的需求。IEC-61966-2.2:2003文獻雖然也像sRGB一樣，為scRGB制訂了相應的YCbCr空間（簡稱scYCC），但scYCC的階調是12-bit的，不符合業界節省記憶與運算成本的需要，因此IEC在2006年推薦了新的廣色域YCbCr空間，簡稱xvYCC（詳見IEC-61966-2-4:2006標準文獻）。xvYCC與現有的SDTV與HDTV的RGB色彩標準相容，能夠記錄超越sRGB色域，但略小於AdobeRGB（1998）色域範圍的色彩。它的優點是能夠以8-bit色階或者更高的階調解析度去記錄影像的亮度／色差值。由於它支援8-bit的傳統階調描述方式，因此非常符合業界的需求，在可見的將來，有希望成為廣色域電視與顯示器的主流標準。

　　圖10-6與圖10-7比較了sRGB與Adobe RGB（1998）分別在sYCC與xvYCC709空間中的色域大小。很顯然，sYCC雖然能夠記錄所有sRGB色彩，但無法記錄Adobe RGB（1998）中，接近色域邊緣的色彩。sYCC與xvYCC都可用8-bit記錄色階，但後者能記錄的色域範圍明顯多一些。由圖10-7可看出在8-bit xvYCC中，100%擴散反射標準白的YCbCr值是（235,0,0）而非（255,0,0）。目的是允許xvYCC記錄影像中高亮度的鏡面反射（Specular Highlight）。這些高亮度的色度值將被壓縮存放在Y的235至255之間。圖10-8比較了sRGB色域分別在CIELAB、sYCC與xvYCC空間所占有的色域範圍。由圖10-8可看出sYCC和xvYCC與sRGB存在線性關係，因此色域邊緣都是直線。

此外，sRGB的色立體在xvYCC中體積較小，代表xvYCC能夠容納更多亮麗的色彩。

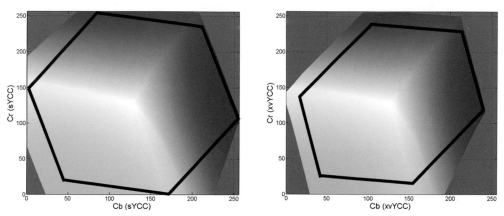

圖10-6　sYCC空間（左圖）與xvYCC₇₀₉空間（右圖）在CbCr色域圖，圖中黑色六角形代表sRGB的色域範圍，彩色區塊則代表Adobe RGB（1998）在CbCr0至255範圍內可顯示的色彩。xvYCC大致能涵蓋Adobe RGB（1998），但sYCC顯然不行（青色與綠色的差距特別明顯）

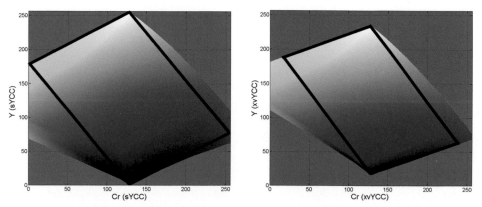

圖10-7　sYCC空間（左圖）與xvYCC709空間（右圖）的YCr色域圖，圖中黑色四角形代表sRGB的色域範圍，彩色區塊則代表Adobe RGB（1998）色域。

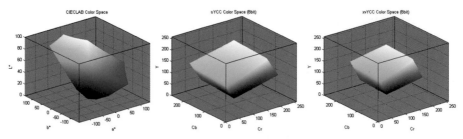

圖10-8　sRGB色域分別在CIELAB空間（左圖）、sYCC空間（中圖）
與xvYCC空間（右圖）所占有的色域範圍

10.6 印刷媒體的色彩標準

　　印刷媒體多半以CMYK四原色複製，在90年代最著名的標準是
美國的輪轉式平版印刷機的規格標準（Specifications for Web Offset
Printing），簡稱SWOP。該標準根據不同紙類，指定油墨色度，灰色
平衡曲線，網點擴大曲線，誤差容忍度等（圖10-9）。美國印刷協會
（PIA）和美國印刷技術基金會（GATF）也制訂了一些類似的印刷
規格標準。美國IDEAlliance組織下的GRACoL標準對平版印刷相當重
要，GRACoL是General Requirements for Applications in Commercial
Offset Lithography的簡寫，也就是「應用於商業平版印刷的基本要
求」，其目的是制訂一些方便印刷業者與買家在印刷品質及效率方面
的溝通標準。歐洲與日本也各自有類似組織與標準。

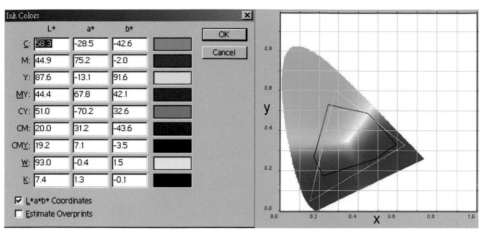

圖10-9　SWOP標準的CMYK原色與疊印色色度值（左圖），
以及（x, y）色域圖（黑色框線代表色域範圍）

　　理論上，只要印刷輸出所使用的油墨、紙張、網點擴大等參數都
符合上述標準，在同一標準下的CMYK複製色彩應該差異不大。國際
標準組織在2004年頒布了新的CMYK四原色分色、印刷及打樣標準
（詳見ISO12647）。其中，ISO12647-2是針對應用層面最廣的平版
印刷所制訂的標準。ISO12647-2定義了五種紙張（亮面銅板紙、雪面
銅板紙、捲筒銅板紙、白色非塗布紙、黃色非塗布紙）的色度、光澤
度、白度、基重（g/m^2）、KCMYRGB滿版色塊的LAB值、網點擴大
值，以及理想的ICC描述檔。未來要爭取國際上的印刷合同，也許要
先通過相關ISO認證，才有資格接單。

　　在特別色方面，PANTONE（美國）、TOYO（日本）、DIC
（日本）、FOCOLTONE（英國）等色票體系，雖然不屬於任何國際
標準，但廣泛被設計出版業界所使用。

10.7 結論

　　本章節介紹了各種重要的工業色彩標準。其中，RGB的標準可分為sRGB、TV標準顯示器標準以及廣色域標準三大類。sRGB是目前最重要的RGB標準，為了記錄sRGB色域之外的鮮豔色彩，一些sRGB的延伸模式已陸續被標準化。在視訊方面，YCbCr類型的色空間在影像壓縮與訊號處理上極為重要。上述色空間都能夠對CIE的XYZ色空間作雙向的轉換。至於印刷媒體的標準，不像RGB與YCbCr是以算式定義，而是以油墨色度，紙張特性，網點擴張程度等條件參數控制印刷品的色彩，因此在色空間的轉換上沒有辦法像RGB空間那樣精確。本章提供了一些重要的參考標準，在開放系統當道的年代，任何影像設備的廠商都不能忽略這些標準的存在。

參考書目

1. CIE(1996)The Relationship between Digital and Colorimetric Data for Computer Controlled CRT Displays, Pub-lication CIE 122-1996, Bureau Central de la CIE.

2. IEC(1998). 61966-2-1: Colour measurement and management in multimedia systems and equipment-Part 2-1: Default RGB colour space – sRGB.

3. IEC(2006). 61966-2-4: Part 2-4: Color management: Extended YCC color space for video applications – xvYCC.

4. ISO(2000)Viewing Conditions: Graphic Technology and Photography, ISO Standards 3664: 2000.

5. ISO(2004)12647-2:2004: Graphic technology -- Process control for the production of half-tone colour separations, proof and production prints -- Part 2: Offset lithographic processes.

6. ISO(2004)22028-1: Photography and graphic technology – Extended color encodings for digital image storage, manipulation and interchange.

7. McDowell D. Q.(2002)Standards activities for colour imaging, Colour Engineering – Achieving device independent colour, Green P. and MacDonald L. W.(eds.), Wiley, 421-442.

8. Munch B. and Steingrimsson U.(2006)Optimized RGB for image data encoding, Journal of Imaging Science and Technology, 50(2): 125-138.

9. PIMA(1996)Photography-electronic still picture imaging–extended sRGB color encoding – e-sRGB, Photographic and Imaging Manufacturers Association.

10. Poynton C.(2003)Digital video and HDTV – algorithms and interfaces, Morgan Kaufmann.

11. Susstrunk S., Buckley R. and Swen S.(1999). Standard RGB color spaces, Proceedings of IS&T/SID 7th Color Imaging Conference, 127-134.

第十一章
色外貌模式

11.1 適應現象

當觀測者比較「擺置於相同觀測環境下」的兩個具相同物理刺激量的色塊時，所得到的視覺感受是相等的。但若將這兩者分別置於不同的觀測環境下來比較，則人眼對於這兩個本來具相同物理刺激量的色塊就會有不一樣的視覺感受。因此，單純以色差公式計算兩色點之間的差異量，比較無法得到接近人眼對於兩色塊於視覺上的差距。因此，除了物理差距之考量外，仍需考慮到人眼視覺適應現象的影響。

一隻白鴿在透紅的夕陽下、在中午日光最亮的情況下或在雷電交加之惡劣天候下，白鴿看起來始終是白色的。人類的記憶（memory）及知識（knowledge）影響了其對於色彩的判斷，所以他會認為白鴿就是白色而不會懷疑他的判斷。然而人類視覺中亦有一種適應機構（adaptation mechanism）負責當觀測色物體之環境條件改變時，去影響從人眼中看到的物體色外貌。

太陽光之照明強度是一般室內燈光的上千倍，而鎢絲燈光比起日光來要黃得多，但人類視覺系統會因光的色度及亮度（chromaticity and luminance）改變而對視覺做非常好的補償；經補償適應後的結果，色物體在不同觀測條件下將被認為有近似的色彩。

不論在何種光源下木炭總是黑色、粉筆總是白色，這些經驗證明了人類對於物體色有一種穩定的知覺能力存在，這現象就稱之為「色彩恆常性」（color constancy）。CIE於1987年對色彩恆常性做了以下的定義：「當照明的強度及色彩改變時，視覺適應的結果將使得色物體之外貌保持近似的常數（The effect of visual adaptation whereby the appearance of colors remains approximately constant when the level and color of the illumination are changed）」。而這種過程是人類視覺中

一種非常重要的特性，視覺機構會自動調整在不同觀測條件下人眼對
輻射能量（Radiant Energy）的感應，稱為色適應。

　　但色適應只是讓色物體在不同觀測條件有「近似」的色彩，有
許多時候色物體其色外貌還是會有很大的改變，就如同在日光下一個
接近紫色的色彩，到了鎢絲燈光下會很明顯的變紅。不過在真實生
活中，色適應對於色物體之色外貌能夠保持穩定上有著相當重要的貢
獻；若非如此，人類對於色物體外貌的變化將無法忍受。幸運的是，
自然界的色物體其色外貌通常是固定的；而人工製品如燈光，它的變
化就大了，這也增加了業界對於色彩控制的困擾。

11.2 色外貌現象

　　日常生活中常常發生許多現象而人眼卻沒發覺，所以僅以色彩物
理刺激量並無法絕對的代表人眼所見之色彩，而需將外在環境所造成
的影響一同加以考慮。以下的文章內容，將探討一般日常生活中，常
發生的一些人眼視覺現象。

1. 同時對比（Simultaneous Contrast）

　「相同物理刺激量之色彩，置於不同色彩背景下，人眼所接收到的
　刺激量會因背景色的不同而有不同的視覺感受」。

2. 差異明顯化現象（Crispening）

　「兩差異不大之色彩刺激量，同時置於與刺激量相似之背景下，人
　眼對於兩刺激量的視覺差異會較原先來得大」。

3. 擴增現象（Spreading）

　「色刺激量與背景色外貌會因空間頻率（spatial frequency）的改
　變，而影響人眼對於色相之視覺感受」。當空間頻率提高時，人眼

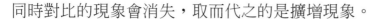

同時對比的現象會消失，取而代之的是擴增現象。

4. 色彩恒常性（Color Constancy）

光源照度改變時，物體色外貌會因人眼視覺調適而感覺恒定不變的一種現象。即人眼視覺系統對於光源色照射至影像中「所造成影像色相的改變」會有自動補償回原有色彩的機制。

5. Bezold-Brucke色相偏移

當色彩明度值有變動時，色相會隨著明度變動量而有所偏移。

6. Abney效應

色相會隨著刺激純度的改變而變動，例如：某一色彩加入白光而改變其原有之色彩純度時，色相於人眼視覺上會隨著純度的不同而改變。

7. Helmholtz-Kohlrausch效應

由以往之理論基礎而言，人眼對於視明度的感知，只是取決於三刺激值的「Y值」而定。但事實上，經由Helmholtz的實驗可知，明度值及色度值任一的改變均會影響視明度。

8. Hunt效應

此效應是在Hunt發展色外貌模式時所發現的現象。在Hunt的實驗中發現「當觀測光源亮度愈高時，色彩的鮮豔度會相對地提高」。

9. Stevens效應

當亮度增加時，明度的對比也會隨之提升，與Hunt效應所提出的結論是相似的。

10.Helson-Judd效應

當測試樣本比背景亮時，樣本色相會與光源相同；當測試樣本比背景暗時，樣本色相會趨於光源互補色。

11.Bartleson-Breneman公式

　　鑑於之前Steven所提出之明度對比會隨著亮度增加而加大的觀念，Bartleson和Breneman乃著手開始進行其相關的實驗，將此理論應用於複雜影像上，以觀察「影像對比如何隨著環境光源的轉換而改變」。最後，依其實驗結果，最後推論出一系列「會隨著環境光源的轉換而改變影像對比的『明度相依公式』」。

11.3 觀測環境

　　上述之人眼視覺現象均來自於觀測環境的因素影響所致。人眼觀測視角範圍的環境因素可細分為色刺激（color stimulus）、背景刺激（background）及周遭環境刺激（surround）如圖11-1。早期對於有關人眼視覺與色彩的研究，主要以物理色彩刺激量為主，但是人眼所接收到的「色刺激感覺反應」不止僅是來自於單純的色刺激，更需再加入不同設備、光源、背景色和不同程度照度等因素的影響。

圖11-1　人眼觀測視角範圍

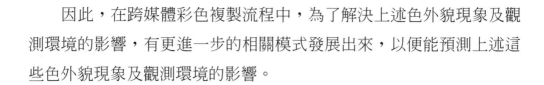

因此，在跨媒體彩色複製流程中，為了解決上述色外貌現象及觀測環境的影響，有更進一步的相關模式發展出來，以便能預測上述這些色外貌現象及觀測環境的影響。

11.4 視覺適應理論

1. 視覺適應

　　人類視覺適應機制（visual adaptation mechanism）是與色彩恆常性相關的一個重要因子，許多的研究都意圖將適應機構結果公式化。適應可分成三種方式：暗適應、明適應及色適應（chromatic adaptation），前兩種是考慮由視覺機構自動調整入射到人眼中的輻射能量比率，色適應則考慮由視覺機構自動調整入射到人眼中的輻射能量光譜分布。尤其色適應現象對於在不同性質的光源（light sources）下預測色物體外貌及維持色物體之色彩恆常性是相當重要的。

2. 明適應（liht adaptation）與暗（dark adaptation）適應

　　所謂的明適應是指「觀測者由暗室步出室外時，由於環境光量突然的增加而造成人眼在短時間無法看見景象所產生的一種視覺現象」。觀測者於夜晚醒來時，開燈會很難看見東西、覺得很刺眼，但經過一段時間之後就可看得見，這種視覺現象稱之為明適應。人眼經過一短暫時間的適應後，感知能力會由原先的某一動態範圍轉換至另一動態範圍，再經過一段時間後，則可重新恢復為原有之感度。

　　當人眼停留在完全黑暗的環境中超過三十分鐘，人眼即已達到完全的暗適應。在這種狀態下，人眼可感應到微小的輻射通量

（radiant flux），若此時放射輻射能之光源足以讓肉眼看到，則人眼可感應小到$10^{-6}cd/m^2$的亮度，此時人眼視網膜上只有桿狀細胞有作用，因此這時並看不到色彩，稱為暗視覺。在暗視覺範圍內，桿狀細胞根據其感受到的亮度大小自動調整敏感度，若在這相同大小亮度環境下待了一段充分的時間，適應達到平衡狀態（equilibrium），則桿狀細胞於此亮度的敏感度將增強以區別亮度微小的變化。而亮度的突然降低，將導致視覺暫時喪失（blackout of vision）直到桿狀細胞自行調整敏感度以恢復視覺；相同地，亮度的突然昇高亦將產生眩目（dazzles）情形，而產生暫時失明的現象。舉例而言，當觀測者進入一個電影院時，眼前所見的全是黑鴉鴉的一片而無法看見任何的東西；但經過一段時間後就可以看見週圍之物體。當人眼視覺處於暗室中，對於明度之感度會隨著時間的增長而同時降低，但經過一段時間後，則可重新恢復原有之感度。

　　通常桿狀細胞在超過$125cd/m^2$亮度時就已不再作用，而錐狀細胞則在$10^{-3}cd/m^2$亮度左右開始其運作以感應色彩。在這$10^{-3}cd/m^2$至$125cd/m^2$亮度範圍，桿狀細胞及錐狀細胞均發生作用的區域稱為中間或微光視覺（mesopic or twilight vision），在中間視覺範圍內桿狀細胞及錐狀細胞會各自調整其敏感度以達適應平衡。

　　超過$125cd/m^2$亮度後只剩下錐狀細胞在提供視覺資訊，這種情況下稱為明視覺。在明視覺中錐狀細胞會快速適應亮度的改變以保持最佳敏感度，但當亮度超過$10^6cd/m^2$後，適應亦無法再作用，視覺變得非常不舒服甚至會暫時盲目。

3. 色適應

　　當我們在自然日光下與在室內鎢絲燈光下觀察色物體，很容易

會發覺色物體其色彩有所改變。一個在日光下看起來是綠色的色物體，在室內鎢絲燈光下觀察其色彩變得較接近黃綠色；而一個在日光下看起來是紫色的色物體，在室內鎢絲燈光下觀察其色彩變得帶有更多紅色。但這立即的變化通常不會用來描述在照明環境改變後色物體的色彩，因為觀察者已知室內光源為帶紅的黃光，而他亦知在室內看起來為黃綠色的色物體其在日光下觀察應為綠色，漸漸地視覺機構會習慣新的照明性質，經色適應後色物體看起來又恢復成綠色感覺。又例如：於不同照明體下觀測同一張影像，由於每一種照明體有其各自不同的色溫，連帶著也會改變影像的色彩資訊內容，人眼在經由一段時間過後，則依舊認為在不同照明體下所見的色彩是近似相同的（但實際上其色度值是不相同的）。此即為「色適應」現象。

CIE於1987年對色適應做了定義：「當色彩刺激改變，特別是在照明改變時，視覺保持色物體色彩近似之補償程序（Visual process whereby approximate compensation is made for changes in the colors of stimuli, especially in the case of changes in illuminants）」。因此，色適應泛指「彩色影像在不同照度下，物體色外貌雖然會隨之而改變，但人眼的視覺系統機制中──『具有自行調整之能力，使其所觀測的物體色外貌仍然可以保留近似的色物體外貌的一種能力』。」

在1992年，Fairchild提出色適應機構分為兩部分：感覺機構及感知機構（sensory and cognitive mechanisms）。感覺機構主要乃為人眼視覺機構經能量刺激後之自動反應過程；感知機構其反應則與觀察者之知識背景及記憶有關。

11.5 色適應轉換

「色適應」對於色彩的改變於色外貌的研究中較前述之「明暗適應」來得重要。因此，在色外貌轉換模式中，需加入色適應的轉換較為合適，如**圖11-2**所示，其中的CAT即代表「色適應轉換」（chromatic adaptation transform）。

「色適應轉換」基本上皆是依據von Kries概念及理論為基礎而發展。von Kries提出「人類的視覺接收器與人眼知覺感受應當是呈互相獨立而不會相互影響」。因此，在人眼經歷色適應轉換的過程中，應該要利用適當的模式將觀測物體的「色彩三刺激值」轉換、處理成與人眼視覺相關的「錐狀細胞感應值」，以預測出「在不同觀測環境下的色彩表現能力」；其做法即「可經由來源端與目的端之間的比值及不同模式的轉換矩陣，將原有來源端光源下所觀測物體的色彩轉換至目的端光源下所表現之色度值」。

所以，色適應轉換公式（Fairchild 2004），亦即從一種觀測條件下測試色彩之三刺激值轉換得到另一種觀測條件下與測試色匹配之三刺激值。色適應模式基本型式如下：

$$L_a = f(L, L_{\text{white}}, \cdots) \dotfill (11\text{-}1)$$

$$M_a = f(M, M_{\text{white}}, \cdots) \dotfill (11\text{-}2)$$

$$S_a = f(S, S_{\text{white}}, \cdots) \dotfill (11\text{-}3)$$

一般色適應模式主要設計為預測人眼感受原始色彩之三個錐狀細胞訊號L, M, S經色適應後之變化量L_a, M_a, S_a。通常色適應模式中至少還需要觀測環境的適應刺激錐狀細胞訊號資料$L_{\text{white}}, M_{\text{white}}, S_{\text{white}}$。結合一種觀測條件下的色適應模式（正向）及另一種觀測條件下的色適應模式（反向）即可成為色適應轉換。

$$XYZ_2 = f(XYZ_1, XYZ_{white1}, XYZ_{white2}, \cdots) \quad\text{...........................（11-4）}$$

為了使模式正確表達人類視覺生理機構之色適應，利用人眼感受色彩之三個錐狀細胞訊號L, M, S來表示色彩刺激量，要比利用CIE三刺激值X, Y, Z來表示恰當得多。非常幸運地，L, M, S與X, Y, Z間有近似於線性的轉換關係（利用一個3×3的矩陣），所以色適應轉換完整的程序如下：

1. 得到第一觀測條件下的色彩CIE三刺激值（X_1, Y_1, Z_1）。

2. 將CIE三刺激值（X_1, Y_1, Z_1）轉換為錐狀細胞訊號（L_1, M_1, S_1）。

3. 合併第一觀測條件之相關資訊，使用色適應模式預測色適應後之錐狀細胞訊號（L_a, M_a, S_a）。

4. 利用相反的程序，合併第二觀測條件之相關資訊，得到調和色彩的錐狀細胞訊號（L_2, M_2, S_2）及最後的CIE三刺激值（X_2, Y_2, Z_2）。

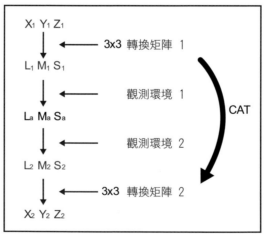

圖11-2　色適應轉換過程

色適應轉換模式有許多種類，以下將簡單介紹。

1. vonKries色適應轉換

　　色適應轉換模式發展至今已逾100年，而現今所知的所有色適應模式，主要是以John-von Kries於1902年最早提出的概念假設為基礎。如前所述，von Kries所提出之概念為「人眼視覺器官和感覺應該是具有獨立性而不會互相影響」；並且，由於所有心理物理現象皆與人眼視覺細胞的接收有直接的關係，因而，可依此概念以尋求出「物體色與視覺細胞之間的色適應轉換模式」；如此，即可藉由其相關的轉換矩陣而「將色彩三刺激值轉換成人眼視覺器官三個錐狀細胞LMS所感應到的刺激量」。

　　所以，von Kries的假設即為：「人類視覺中感官機構之個別成分如三種錐狀細胞，其運作或適應是完全獨立而互不影響」。因此可得：

$$L_a = k_L L \quad\text{...（11-5）}$$

$$M_a = k_M M \quad\text{...（11-6）}$$

$$S_a = k_S S \quad\text{..（11-7）}$$

　　L, M, S為三錐狀細胞觀察色彩時之最初感應值，k_L, k_M, k_S為初始三錐狀細胞訊號的比率係數（如受增益控制的影響），L_a, M_a, S_a為適應後之三錐狀細胞訊號。上式簡單地表示了色適應中的增益控制模式（gain control model），而三錐狀細胞有其各自的增益係數，在任何的色適應模式中，使用適當的k_L, k_M, k_S係數乃為模式好壞的重要關鍵。而所謂的增益控制，簡單說明就如在鎢絲燈光（帶紅的黃光）下色適應後人眼對紫色或藍色的敏感度，相對會比紅色或綠色高些。

在von Kries模式中k_L, k_M, k_S係數取自背景參考白或最大色刺激處的三錐狀細胞感應值的倒數。

$$k_L = \dfrac{1}{L_{\text{max}}} \quad \text{or} \quad k_L = \dfrac{1}{L_{\text{white}}} \quad\text{..............................（11-8）}$$

$$k_M = \dfrac{1}{M_{\text{max}}} \quad \text{or} \quad k_M = \dfrac{1}{M_{\text{white}}} \quad\text{..............................（11-9）}$$

$$k_S = \dfrac{1}{S_{\text{max}}} \quad \text{or} \quad k_S = \dfrac{1}{S_{\text{white}}} \quad\text{..............................（11-10）}$$

根據上述說明，可得到在不同觀測條件下調和色彩的三種錐狀細胞感應值。

$$L_2 = \left(\dfrac{L_1}{L_{\text{max}1}}\right)L_{\text{max}2} \quad\text{...（11-11）}$$

$$M_2 = \left(\dfrac{M_1}{M_{\text{max}1}}\right)M_{\text{max}2} \quad\text{...（11-12）}$$

$$S_2 = \left(\dfrac{S_1}{S_{\text{max}1}}\right)S_{\text{max}2} \quad\text{...（11-13）}$$

若von Kries模式以陣列方式表示，則為：

$$\begin{vmatrix} L_a \\ M_a \\ S_a \end{vmatrix} = \begin{vmatrix} 1/L_{\text{max}} & 0 & 0 \\ 0 & 1/M_{\text{max}} & 0 \\ 0 & 0 & 1/S_{\text{max}} \end{vmatrix} \begin{vmatrix} L \\ M \\ S \end{vmatrix} \quad\text{.........................（11-14）}$$

因此，若要計算跨越兩種不同觀測條件下的調和色彩，可將上式加上從CIE三刺激值轉換至相對的三錐狀細胞感應值所用的陣列M而得。

$$\begin{vmatrix} X_2 \\ Y_2 \\ Z_2 \end{vmatrix} = M^{-1} \begin{vmatrix} L_{\max 2} & 0 & 0 \\ 0 & M_{\max 2} & 0 \\ 0 & 0 & S_{\max 2} \end{vmatrix} \times \begin{vmatrix} 1/L_{\max 1} & 0 & 0 \\ 0 & 1/M_{\max 1} & 0 \\ 0 & 0 & 1/S_{\max 1} \end{vmatrix} M \begin{vmatrix} X_1 \\ Y_1 \\ Z_1 \end{vmatrix}$$

....（11-15）

其中

$$M = \begin{vmatrix} 0 & 1 & 0 \\ -0.46 & 1.36 & 0.1 \\ 0 & 0 & 1 \end{vmatrix}$$ ....（11-16）

　　後來的研究者乃根據上述理論，加以應用於色適應之轉換機制中，如**公式11-17**的轉換方式及**公式11-18**的轉換矩陣，目的就是在「將觀測之色彩三刺激值XYZ轉換成人眼知覺中LMS錐狀細胞各自感應到的刺激量，同時亦相對應的轉換改變不同觀測光源下之白點相關刺激量值」。

$$\begin{vmatrix} X_2 \\ Y_2 \\ Z_2 \end{vmatrix} = M_{\text{von Kries}}^{-1} \begin{vmatrix} L_{\max 2} & 0 & 0 \\ 0 & M_{\max 2} & 0 \\ 0 & 0 & S_{\max 2} \end{vmatrix}$$

$$\times \begin{vmatrix} 1/L_{\max 1} & 0 & 0 \\ 0 & 1/M_{\max 1} & 0 \\ 0 & 0 & 1/S_{\max 1} \end{vmatrix} M_{\text{von Kries}} \begin{vmatrix} X_1 \\ Y_1 \\ Z_1 \end{vmatrix}$$ ....（11-17）

$$M_{\text{von Kries}} = \begin{vmatrix} 0.400 & 0.708 & -0.081 \\ -0.226 & 1.156 & 0.046 \\ 0.000 & 0.000 & 0.918 \end{vmatrix}$$ ....（11-18）

2. Nayatani 色適應轉換

　　Nayatani等人（1990）提出了一種非線性模式，利用可變指數之次方函數（Power Function）來構成。這種模式中von Kries係數

除了與三種錐狀細胞的感應有關外，次方函數之指數亦依適應範圍的亮度在變化，而其另外一個特性是在三種錐狀細胞的感應值中加上了干擾（雜訊）項次（Noise Terms）。該模式顯示如後：

$$L_a = a_L (\frac{L + L_n}{L_0 + L_n})^{\beta_L} \quad\text{..............................}\quad （11\text{-}19）$$

$$M_a = a_M (\frac{M + M_n}{M_0 + M_n})^{\beta_M} \quad\text{..............................}\quad （11\text{-}20）$$

$$S_a = a_S (\frac{S + S_n}{S_0 + S_n})^{\beta_S} \quad\text{..............................}\quad （11\text{-}21）$$

L_a, M_a, S_a為適應後之三錐狀細胞訊號，L, M, S為三錐狀細胞觀察色彩時之最初感應值，L_n, M_n, S_n為干擾項，L_0, M_0, S_0為適應範圍之三錐狀細胞訊號，$\beta_L, \beta_M, \beta_S$指數分別為與三錐狀細胞於適應範圍感應相關之單調遞增函數（monotonically increasing functions），而a_l, a_m, a_s係數則由有相同亮度因子之非選擇性色樣（nonselective sample）當做適應背景以保持正確的色彩恆常性法則來決定。

Nayatani非線性模式有能力預測一些色外貌現象，如Hunt效應（適應亮度增強則色彩飽和度提高）、Stevens效應（適應亮度增強則色彩之明度對比提高）及Helson-Judd效應（在有色照明下看不出非選擇性色樣之正確色相，當色樣比背景亮得多時，色樣的色相看起來會接近有色照明之色相，當色樣比背景暗得多時，色樣的色相看起來會接近有色照明之互補色相）。

值得注意的是，von Kries色適應轉換因與亮度無關（luminance independent），因此並不能拿來預測與亮度有關的一些色外貌現象。而Nayatani et al.轉換公式中，將CIE三刺激值轉為傳統三刺激值的線性轉換公式同Fairchild的轉換公式。

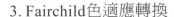

3. Fairchild色適應轉換

第一步：將第一觀測條件下之CIE三刺激值轉為傳統三刺激值。

$$\begin{vmatrix} L_1 \\ M_1 \\ S_1 \end{vmatrix} = M \begin{vmatrix} X_1 \\ Y_1 \\ Z_1 \end{vmatrix} \quad\text{（11-22）}$$

其中

$$M = \begin{vmatrix} 0.400 & 0.708 & -0.081 \\ -0.226 & 1.165 & 0.046 \\ 0 & 0 & 0.918 \end{vmatrix} \quad\text{（11-23）}$$

此線性轉換於1985年由Hunt與Pointer所提出，稱為Stiles-Estévez-Hunt-Pointer 原理。

第二步：修正von Kries色適應轉換計算為不完全色適應。

$$\begin{vmatrix} L_1' \\ M_1' \\ S_1' \end{vmatrix} = A_1 \begin{vmatrix} L_1 \\ M_1 \\ S_1 \end{vmatrix} \quad\text{（11-24）}$$

其中　$A = \begin{vmatrix} a_L & 0.0 & 0.0 \\ 0.0 & a_M & 0.0 \\ 0.0 & 0.0 & a_S \end{vmatrix}$ 　　（11-25）

$$a_M = \frac{p_M}{M_n} \quad\text{（11-26）}$$

$$p_M = \frac{(1 + Y_n^v + m_E)}{(1 + Y_n^v + 1/m_E)} \quad\text{（11-27）}$$

$$m_E = \frac{3(M_n / M_E)}{L_n / L_E + M_n / M_E + S_n / S_E} \quad\text{（11-28）}$$

短波錐狀細胞與長波錐狀細胞其p與a項的求法相同，Y_n為適應刺激亮度值cd/m²，下標標註n的項次要參考適應刺激，下標標註

E的項次要參考等能照明（equal-energy illuminant），而指數v為1/3，當忽略發光體現象（discounting-the-illuminant）存在時，則p_L、p_M、p_S項均為1.0。a項為修正von Kries係數。p項表示完全von Kries適應比率，若適應不完全則其值將不會為1，而它要看適應的亮度及色彩而定，當亮度增加，適應將較完全，當適應色彩離等能照明色度標準點愈遠，則適應愈不完全。

第三步：計算適應後的訊號值，且包含三錐狀細胞與亮度相關的交互作用。

$$\begin{vmatrix} L_a \\ M_a \\ S_a \end{vmatrix} = C_1 \begin{vmatrix} L_1' \\ M_1' \\ S_1' \end{vmatrix} \quad\text{..}\quad （11\text{-}29）$$

其中

$$C = \begin{vmatrix} 1.0 & c & c \\ c & 1.0 & c \\ c & c & 1.0 \end{vmatrix} ， c=0.219-0.0784\log_{10}(Y_n)........ （11\text{-}30）$$

若要計算第二觀測條件之調和色彩則必須將上述公式反向推算

$$\begin{vmatrix} L_2' \\ M_2' \\ S_2' \end{vmatrix} = C_2^{-1} \begin{vmatrix} L_a \\ M_a \\ S_a \end{vmatrix} ， \begin{vmatrix} L_2 \\ M_2 \\ S_2 \end{vmatrix} = A_2^{-1} \begin{vmatrix} L_2' \\ M_2' \\ S_2' \end{vmatrix} ， \begin{vmatrix} X_2 \\ Y_2 \\ Z_2 \end{vmatrix} = M^{-1} \begin{vmatrix} L_2 \\ M_2 \\ S_2 \end{vmatrix} \quad （11\text{-}31）$$

4. BFD色適應轉換

Bradford模式是由Lam經由實驗測試所提出，是被認為一預測較準確，因而較廣為應用的色適應轉換模式之一。在它的模式之中，XYZ可經由轉換矩陣轉換成RGB；其矩陣系數是根據Nayatani轉換模式所修改而成。

1985年Lam與Rigg發展了一個相當好的色適應轉換公式，稱之為BFD色適應轉換公式。

第一步：將第一觀測條件下之CIE三刺激值轉為傳統三刺激值。

$$\begin{vmatrix} R \\ G \\ B \end{vmatrix} = M \begin{vmatrix} X \\ Y \\ Z \end{vmatrix} \quad\text{……………………………………（11-32）}$$

其中

$$M = \begin{vmatrix} 0.8951 & 0.2664 & -0.1614 \\ -0.7502 & 1.7135 & 0.0367 \\ 0.0389 & -0.0685 & 1.0296 \end{vmatrix} \quad\text{………………（11-33）}$$

第二步：將錐狀細胞感應值轉換至參考照明適應下的調和錐狀細胞感應值（corresponding cone responses）。

$$R' = R'_0 (R / R_0) \quad\text{……………………………………（11-34）}$$

$$G' = G'_0 (G / G_0) \quad\text{……………………………………（11-35）}$$

$$B' = B'_0 (B / B_0)^\beta \quad\text{……………………………………（11-36）}$$

其中，$\beta = (B_0 / B'_0)^{0.0834}$，假如 B 小於零，則用 $B' = -B'_0 (|B| / B_0)^\beta$ 取代，R_0, G_0, B_0 與 R'_0, G'_0, B'_0 可從測試照明與參考照明之CIE三刺激值轉換而得。

第三步：將參考觀測條件下的錐狀細胞感應值轉換為CIE三刺激值。

$$\begin{vmatrix} X' \\ Y' \\ Z' \end{vmatrix} = M^{-1} \begin{vmatrix} R' \\ G' \\ B' \end{vmatrix} \quad\text{……………………………………（11-37）}$$

5. CIECAM02色外貌模式與CAM02色適應轉換

　　由於色適應轉換提供預測對應色（corresponding color）彩的功能，因此亦可利用其方法來預測當觀測條件改變時色彩複製的結果，也因此色適應轉換可看成是一種簡單的色外貌模式，而完整的色外貌模式中色適應轉換亦為其基本的一環。因為色適應轉換並未提供任何色外貌屬性如色相、明度、彩度的預測，而在執行影像編輯（image editing）及色域對映應用時這些屬性均需使用，因此完整色外貌模式才繼之發展。

　　西元2002年，CIE TC 8-01色外貌於色彩管理之應用委員會，針對CIE CAM97s色外貌（Luo et al. 1997；CIE 1998）進行一系列修正（Hunt et al. 2002；Fairchild 2001），而得到CIECAM02色外貌模式（Luo et al. 2002；Moroney et al. 2001；Li et al. 2002）。主要的部分有線性色適應轉換、非線性反應壓縮函數以及一些與人眼相關之色知覺屬性值的計算式。

⑴觀測環境的參數計算：

$$k = 1/(5L_A+1) \dotfill (11\text{-}38)$$

$$F_L = 0.2k^4(5L_A)+0.1(1-k^4)^2(5L_A)^{1/3} \dotfill (11\text{-}39)$$

$$n = Y_b/Y_w \dotfill (11\text{-}40)$$

$$N_{bb} = N_{cb} = 0725(1/n)^{0.2} \dotfill (11\text{-}41)$$

$$z = 1.48 + \sqrt{n} \dotfill (11\text{-}42)$$

⑵色適應轉換方程式（CAM02）：

$$\begin{bmatrix} R \\ G \\ B \end{bmatrix} = M_{CAT02} \begin{bmatrix} X \\ Y \\ Z \end{bmatrix},$$

$$M_{CAT02} = \begin{bmatrix} 0.7328 & 0.4296 & -0.1624 \\ -0.7036 & 1.6975 & 0.0061 \\ 0.0030 & 0.0136 & 0.9834 \end{bmatrix} \quad\text{.....................（11-43）}$$

$$D = F\left[1 - \frac{1}{3.6}e^{\frac{-(L_A+42)}{92}}\right] \quad\text{.................................（11-44）}$$

$$R_c = [(100\,D/R_w) + (1-D)]R \quad\text{...................................（11-45）}$$

$$\begin{bmatrix} R' \\ G' \\ B' \end{bmatrix} = M_H M_{CAM02}^{-1} \begin{bmatrix} R_c \\ G_c \\ B_c \end{bmatrix} \quad\text{.................................（11-46）}$$

$$M_{CAT02}^{-1} = \begin{bmatrix} 1.096124 & -0.278869 & 0.182745 \\ 0.454369 & 0.473533 & 0.072098 \\ -0.009628 & -0.005698 & 1.015326 \end{bmatrix} \quad\text{...........（11-47）}$$

$$M_H = \begin{bmatrix} 0.38971 & 0.68898 & -0.07868 \\ -0.22981 & 1.18340 & 0.04641 \\ 0.00000 & 0.00000 & 1.00000 \end{bmatrix} \quad\text{.....................（11-48）}$$

$$R_a' = \frac{400(F_L R'/100)^{0.42}}{[27.13 + (F_L R'/100)^{0.42}]} + 0.1 \quad\text{...............（11-49）}$$

(3)相關色知覺屬性的計算式：

$$a = R_a' - 12G_a'/11 + B_a'/11 \quad\text{.......................................（11-50）}$$

$$b = (1/9)(R_a' + G_a' - 2B_a') \quad\text{...（11-51）}$$

$$t = \frac{e(a^2+b^2)^{1/2}}{R_a' + G_a' + (21/20)B_a'} \quad\text{...（11-52）}$$

$$h = \tan^{-1}(b/a) \quad\text{...（11-53）}$$

$$e = (\frac{12500}{13} N_c N_{cb})[\cos(h\frac{\pi}{180} + 2) + 3.8] \quad\text{............}\quad (11\text{-}54)$$

$$H = H_1 + \frac{100(h - h_1)/e_1}{(h - h_1)/e_1 + (h_2 - h)/e_2} \quad\text{............}\quad (11\text{-}55)$$

$$A = [2R'_a + G'_a + (1/20)B'_a - 0.305]N_{bb} \quad\text{............}\quad (11\text{-}56)$$

$$J = 100(A/A_w)^{cz} \quad\text{............}\quad (11\text{-}57)$$

$$Q = (4/c)\sqrt{J/100}(A_w + 4)F_L^{0.25} \quad\text{............}\quad (11\text{-}58)$$

$$C = t^{0.9}\sqrt{J/100}(1.64 - 0.29^n)^{0.73} \quad\text{............}\quad (11\text{-}59)$$

$$M = CF_L^{0.25} \quad\text{............}\quad (11\text{-}60)$$

$$s = 100\sqrt{M/Q} \quad\text{............}\quad (11\text{-}61)$$

$$a_C = C\cos(h) \quad\text{............}\quad (11\text{-}62)$$

$$b_C = C\sin(h) \quad\text{............}\quad (11\text{-}63)$$

以上公式中英符號意義整理如下表。

表11-1 CIECAM02色外貌模式公式計算記號說明

No	符號	英文	說明
1	L_A	the luminance of the adapting field	適應區亮度
2	F_L	Luminance level adaptation factor	亮度適應參數
3	n	the luminance factor of the background	背景亮度參數
4	Y_b	The relative luminance of the source background in the source conditions	原始環境背景相對亮度反射率
5	Y_w	The Y of the tristimulus values of the source white in the source conditions	光源本身三刺激值Y值
6	N_{bb}	chromatic induction factor	色誘導常數
7	M_{cat02}	CAT02 color adaptation transformation matrix	CAT02色適應變換矩陣
8	M_H	Hunt-Pointer-Estévez cone response transformation matrix	Hunt-Pointer-Estevez 錐體應答變換矩陣

No	符號	英文	說明
9	X, Y, Z	The tristimulus values of the test sample in the source conditions	原始環境下測試樣本三刺激值
10	D	The degree of adaptation (discounting)	環境適應參數
11	F	factor determining degree of adaptation	環境影響常數
12	*a*	correlate for red-green	紅/綠訊號量
13	*b*	correlate for yellow-blue	黃/藍訊號量
14	*h*	Hue angle	色相角
15	*e*	Eccentric	離心率
16	H	Hue	色相
17	A	Achromatic response	無彩度應答
18	J	Lightness	明度
19	Q	Brightness	視明度
20	C	Chroma	彩度
21	M	Colorfulness	視彩度
22	s	Saturation	飽和度

11.6 人眼對比感應函數CSF

1. 空間頻率

　　有關對於人眼感度的測量通常是以「條紋式的刺激結果做為測量的依據」，並以空間頻率的概念來表示感度的好壞。所謂的空間頻率是指在某一觀測距離下，於視網膜上黑白條紋的成像總數，其中的每一組黑白條紋就代表一個週期。若觀測到比較寬的長條就是指「低頻」，比較細的則是指「高頻」。通常空間頻率是以「CPD」（cycle per degree）為測量單位。

　　例如：以螢幕而言，CPD值即可由「螢幕解析度」（dot per

inch）與「觀測距離」（inch）的轉換關係經由**公式11-25**計算而得知。

$$CPD = \frac{螢幕解析度}{\frac{180}{\pi} \times \tan^{-1}(\frac{1}{觀測英吋距離})} \quad\quad (11\text{-}64)$$

2. 對比感應函數

　　人眼在不同觀測距離下，視網膜在受到色彩刺激的同時，會將所接收到具有不同頻率的物理色刺激經由一種所謂的人眼視覺函數，加以轉換成相對應的感度。這種人眼視覺函數就是一般通稱的「對比感應函數」（contrast sensitivity function, CSF），簡稱為CSF。此CSF對比感應函數有時又稱為「視覺敏銳度函數」。

　　假如以人眼觀察一亮點時，其感覺反應會恰好符合高斯常態分布——它會由中間點往四周，由亮慢慢地變化到暗，因此藉由高斯函數可模擬出人眼觀測影像時的視覺效果；但相對應的——利用高斯函數轉換所結果得到的影像對比，對人眼而言，會感覺比較沒有那麼得強烈。

11.7 色外貌模式

　　前述的各種色適應轉換模式，均僅是以色彩物理刺激量的考量方式將色彩於不同的光源之間相互地轉換，並未真正量化出所謂的人眼色彩知覺，且未將環境的各種因素加以考慮進去。所以，下面將說明色外貌模式是如何融合色外貌屬性值及環境光源等因素的考量，以應用於實務上。

1. 色外貌屬性（Color Appearance Terminology）

色外貌屬性訂定的目的在於希望能夠「將色彩由物理刺激量轉換成人眼的色彩知覺量」。以往對於色彩皆以RGB或XYZ等方式來描

述，但由於造成色外貌改變的影響因素有許多種，所以必須考慮人眼的視覺機制，而不能僅僅單純以色彩物理量來代表人眼對於色彩的感受；且再加上，有時兩個「雖具有不相同物理量」的彩色影像，各自擺置在不同、有差異的媒體觀測環境下被觀測，卻在人眼視覺接收上得到相同一樣的感覺。因此，以「視覺知覺量」來描述色彩，則更能傳達人眼真正所見之色彩感覺量。

對於色彩色外貌的相關屬性定義，如下：

⑴色相（hue）：人眼依據某一刺激量，視覺感受其所呈現出的一種色彩表現的視覺屬性。

⑵視明度（brightness）：人眼依據某一刺激量，視覺感受其所呈現出之光量程度（絕對值）。

⑶明度（lightness）：人眼依據某一刺激量，視覺感受其與周圍白點或最亮區塊之相對輝度比例值（相對值）。

⑷視彩度（colorfulness）：人眼依據某一刺激量，視覺所感受其在某一種色彩表現之色味的濃厚值（絕對值）。

⑸彩度（chroma）：人眼依據某一刺激量，視覺感受出之視彩度與周圍白點或最亮區塊視明度之相對比例值（相對值）。

⑹飽和度（saturation）：人眼依據某一刺激量，視覺感受出之視彩度與視明度的相對比例值（相對值）。

　　在1997年之前，色外貌模式的種類主要包含有CIECAM97s、Nayatani、Hunt及RLAB等模式，其中乃以CIE TC1-34於1997年所提出之CIECAM97s的預測色彩轉換效能為較佳。相繼於2002年，CIE TC9-01更進一步針對CIECAM97s加以修正而發展出CIECAM02模式，以及近年來發展出來的i-CAM。以下將對上述之模式加以敘述、討論。

2. 色外貌模式種類

敘述色外貌模式之前，需先描述何謂「對應色」（corresponding colors），對應色指兩種不同刺激量之色彩，於人眼上有相同的視覺感受，如圖11-3所示。色外貌模式能應用於色彩對應色的轉換。

前一段提到關於光源的色溫，色溫為人眼知覺反應。色溫較低之光源如A光源（2856K），主色相會偏向黃色；D_{65}（6500K）則較偏向藍白色系。因此以相同刺激量的色塊，於不同光源A或D_{65}下觀測其色彩，則有不一樣的視覺感受。不同刺激於人眼視覺感受上，會有不同的色外貌屬性值。因此，光源色的確會影響人類對於色彩的判斷。以此觀點，進而著手研究其與人眼之間的關係，將兩種不同觀測環境下的對應色，以色外貌模式應用於對應色的轉換求取（如圖11-3所示）。

前面曾提及有關於人眼知覺反應相關的光源色溫觀念。兩個具相同物理刺激量的色塊，分別放置於兩種不同觀測光源（如A及D_{65}）下比較其各自的色彩，則會有不一樣的視覺感受；而兩個具不同物理刺激性質的色塊，卻可能可以分別放置於兩個不同觀測光源（如A及D_{65}）

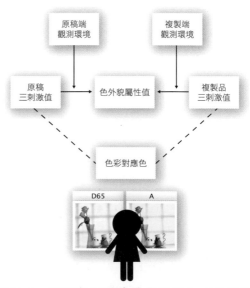

圖11-3 不同觀測環境的條件下之「色彩對應色」示意圖

下比較其各自的色彩，在人眼視覺感受中，則具有相同的色外貌屬性值。從此觀點的考量基礎下，進而著手研究「光源色與人眼」之間的關係，並期望預測色彩在不同媒體／觀測環境的條件下之色彩表現，就稱為色外貌模式。

3. CIECAM97s

1997年期間，由CIE TC1-34所發表之「CIECAM97s」為當時所有色外貌模式之中對於色彩的預測結果較為正確者，亦被視為當時所有「色外貌模式的標準」，並開始被應用於許多不同的色彩工業。

此模式經由許多「訓練測試資料組」（training data set）的測試後，其預測出的色彩效果被認為當時最為準確者。CIECAM97s能處理不同的觀測環境所感受到的色彩知覺，將色彩從某一觀測光源條件的環境下之色彩知覺轉換至另一種不同觀測光源條件環境下之色彩知覺，並且可將色彩知覺量化為人眼視覺的色外貌屬性值。以下將簡介有關CIECAM97s模式如何進行色彩轉換的流程觀念（**圖11-4**為示意圖）。

■ 前導模式（Forward Model）

⑴XYZ轉換成RGB值：先將各來源端設備的物理刺激量XYZ（設備色彩特性化值）色彩訊號值，轉換成人眼錐狀細胞相關的RGB值以供進一步的色適應轉換處理。

⑵色適應轉換：必須加入觀測環境的參數值設定，才能決定人眼對於環境色適應的程度，並經由公式的轉換將來源端觀測光源下所得到的樣本色RGB值轉換至目的端測試光源下。

⑶人眼知覺屬性值：為了能將人眼知覺感應量量化，因此將色適應轉換後的色彩色度RGB值，經由公式轉換成屬人眼知覺屬性的感應值。

(4)有彩度色與無彩度色知覺屬性值：將人眼知覺量，依不同公式轉換成有彩度色（非中性色）與無彩度色（中性色）的知覺屬性值。

■ 反推模式（Reverse Model）

轉換流程及說明如下：

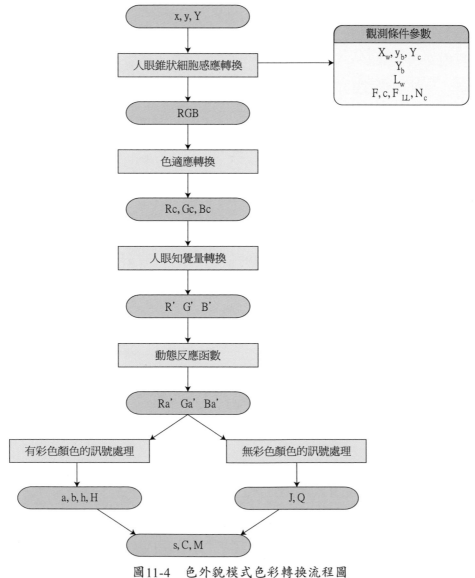

圖11-4　色外貌模式色彩轉換流程圖

4. CIECAM02

　　根據文獻之先導研究發表中顯示，CIECAM97s模式於某些方面的預測仍有不足之處，其中包括過度的預測「接近中性色的彩度值」、「飽和度的預測結果不佳」及「同彩度不同明度的預測差異過度」等。因此，CIE TC9-01乃於2002年又發表出了一種CIECAM97s的修正模式，稱為CIECAM02模式。其與CIECAM97s不同的修正處在於色適應矩陣係數的不同，它乃將原本CIECAM97s所採用之Bradford轉換係數加以改變，並另命名為CIECAM02色適應轉換矩陣。其修改公式及矩陣的應用在於使色適應的轉換能夠有更佳的轉換效果及彩度方面的預測能有較佳結果。另一方面，它亦將人眼知覺屬性的轉換公式加以修改為線性方程式以利於反推模式的推導，並且些許變動觀測條件參數的設定，以期能改善上述CIECAM97s的缺點。

5. i-CAM（Image Color Appearance Model）

　　色外貌模式的發展已經約莫有20年，亦成為國際遵循的標準規範。若加以嚴格的評估，利用色外貌模式以預測色彩的研究發展在近幾年來已經到達成熟的階段。

　　前述之2002年由CIE TC9-01所提出之CIECAM02，便已能夠精確地預測出在不同的觀測環境下對於同一個相同影像的色彩資訊之轉換結果。因此，色彩研究便開始——朝向空間域、時間域與人眼視覺因素同時加以考慮，以利於色彩應用層面的方向。例如：將此概念應用於色差計算，其典型代表為S-CIELAB。此模式的做法即是將CSF之概念加以結合應用於色差值之計算中，以增進原本色差效能之預測，後段將會有詳細的介紹。

　　CSF的概念不僅只是應用於色差計算方面，近年來，更由Fairchild與Johnson共同發表了另一種所謂的i-CAM模式。其中心架構仍以CIECAM02為色外貌轉換的基礎，並針對人眼視覺特性加以修改原有色外貌模式有關參數的定義，期能更適用於複雜的色彩刺激及觀測環境；另一方面，它可以被應用於彩色影像品質之評估，精確地計算出原稿與複製稿之間的差異。因此，i-CAM模式的目的在於——能夠具有「影像色外貌預測」（image appearance）、「影像演繹」（image rendering）、「影像品質評估」（image quality specification）等特性。

　　色外貌模式發展時期，發覺人眼在不同的環境下觀測色彩，眼睛會因色彩恆常性的因素而使人眼對於所感知的色彩認為是相同色彩。一般色外貌模式對於色彩的研究則比較偏重於色適應的改善，亦即為考量不同的光源白點、照明程度及相對環境照度的改變所造成的影響。但色外貌模式的建立，對於上述因素乃採「點對點」的方式轉換，對於人眼於空間域、時間域的視覺特性並未考慮，因此若需以色外貌模應用於人眼觀測影像的預測，就需要融入人眼視覺特性於其模式的架構中。

　　在i-CAM演算法中對於色外貌模式的基本架構是應用CIECAM02，但在某些轉換公式上，環境參數的定義與原始CIECAM02不同。其中的差異在於兩模式對於白點定義乃不相同。在CIECAM02中，白點是以光源為轉換白點作考量；i-CAM則認為人眼會跟空間頻率的不同而改變對於白點的認知，所以應用CSF模擬人眼後，乃採影像的最大刺激量為參考白。i-CAM的模式中，所輸入參數值，如**圖11-5**所示，包括以下各點：

⑴色度值：原始影像在經由輸入設備色彩特性化之色度值，一般以三刺激值為代表。

⑵適應後色度值：原始影像經由CSF處理過後之色度值，代表人眼觀看影像時對於影像的感覺，藉以預測人眼於不同觀測距離之色適應程度。

⑶濾鏡處理色度值：利用低通帶濾鏡（low pass filter）處理，藉以預測不同程度的色適應結果，所處理出來的影像三刺激值，代表人眼實際所見之色度值。

⑷絕對照度值：此輸入資料為不同的照度值，以控制影像之明度值，用來預測Hunt與Steven效應。

⑸環境光源：經過空間濾波器處理過後之影像明度值，可以再經由環境光源對於人眼觀測之影響控制，加以運用於計算、預測影像之對比值及Bartleson及Breneman效應。

　　i-CAM對於色彩轉換的處理步驟如圖11-5所示，依序為：

⑴色適應轉換：CIECAM02對於色適應轉換的處理有著高效能的表現，因此i-CAM採用其轉換方式，但輸入參數則不相同。

⑵人眼錐狀細胞反應：經由色適應轉換後之RGB值，轉換成人眼知覺反應值，與CIECAM02不同點在於轉換的方式不同。i-CAM將色彩轉換至IPT色彩空間，簡化CIECAM02的轉換方式，並於色相方面的預測較正確。

⑶色外貌視覺量化：將人眼所見的色彩刺激量，以色外貌屬性量化表現，如：明度、視明度、視彩度、彩度及色相，且IPT色彩空間均勻度較CIELAB高，因此計算兩色彩之距離可直接代表人眼對於色彩之色差值。

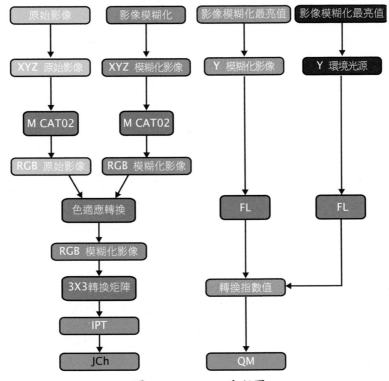

圖11-5　i-CAM流程圖

參考書目

1. Mark D. Fairchild（2005）： "Color Appearance Models （2nd Edition）", John Wiley&Sons, Ltd, Rochester Institute of Technology, USA.

2. D. Fairchild and G.M. Johnson（2004）： "The iCAM framework for image appearance, image differences, and image quality," Journal of Electronic Imaging, 13 126-138.

第十二章
影像品質評估

影像品質評估（image quality assessment），廣泛應用於數位影像處理的研究領域。例如：在影像壓縮計算法的發展，運用影像品質評估來追求如何將影像做最大的壓縮，而仍能保持視覺上可接受的程度。因此，影像品質與人眼視覺的分辨能力息息相關。

數位影像處理領域中的影像品質評估，主要是將所攝取的原始影像與處理後的影像進行比較，以改善影像處理的計算法。一般採用的方法有：(1)影像品質指數（或參數）的分析與計算；(2)直接運用人眼視覺的觀察實驗；(3)建立人眼視覺系統的模式（modeling）與模擬（simulation）以取代龐雜的人眼視覺實驗。

本章所要討論重點，在於數位影像系統的影像品質評估（包含軟體與硬體的整合系統），不限於上述影像處理的品質評估。此系統包含影像輸入裝置，將場景像攝取後之影像品質；或影像輸出裝置，將數位影像呈現的影像品質。這種影像品質評估的結果，有助於了解系統設計與與影像品質之關係，從而改進影像系統。

12.1 影響影像品質的因素

數位影像系統如數位相機、印表機、顯示器等，其影像品質的表現可由該系統所呈現的影像品質評估方式來衡量。一般影像品質評估的方法可分為物理量測（physical measurement）與心理物理（psychophysics）的評估決定。物理量測又可稱為客觀品質評估，心理物理量測偏重主觀或感知的評估。

一般彩色影像品質的量測，常易將主觀評估、客觀評估與系統規格混淆。試舉一例：數位相機拍攝的彩色影像，評估其色彩的品質可

將此數位相機拍攝一標準色盤圖（color checker），經由計算可得一量化的色彩誤差$\Delta E_{ab}*$，其定義為n個標準色塊色彩之平均誤差（以root mean square之計算求得），此一誤差值即為物理量測或客觀評估。此誤差顯然與數位相機之影像感測元件、彩色濾光片光譜及數位訊號處理之色彩修正演算法有關，這些關鍵元件（含演算法或軟體）之「品質」直接影響影像品質，精確地說，應是數位相機系統及其元件之規格決定影像品質所能達到之範疇與限度。

　　物理量測的數值ΔE_{ab1}^{*}僅為一個數字作為兩不同品牌數位相機間之比較，但無法知道人眼視覺「看起來」的品質如何。因此要繼續做心理物理量測，以檢驗此數值之大小，代表視覺感知（perception）上的意義。所幸此一例子，ΔE_{ab1}^{*}的數值有一些實驗累積的數據。當$\Delta E_{ab1}^{*}<1$時，一般人視覺感知上「看不出」差異，而當$\Delta E_{ab1}^{*}>5$時，則視覺感知上明顯「看到」色彩誤差。因此在心理物理層面，我們有了一個品質標準。

　　當$1<\Delta E_{ab1}^{*}<5$時，不同的人、不同的觀察環境與不同的影像，會有不同的認知，因此主觀因素影響我們的判斷，亦即影響影像品質的評估。此外，如前所述，ΔE_{ab1}^{*}是標準色盤圖數種色彩之平均誤差。當平均誤差在視覺感知的差異範圍內，例如：$\Delta E_{ab1}^{*}<5$時，理論上影像品質是可接受的。然而若是其中某種顏色誤差過大，而此顏色又是觀察者所在意的，例如：呈現藍天色則會被視為影像色彩「品質不好」。此時已涉及觀察者或使用者之「喜好」（pleasing）或「偏好」（preference）。此外，一般人對顏色的記憶（記憶色，memory color）或期待，通常傾向色澤飽和，尤其是三原色，即使顏色的誤差數值小於經驗值，仍然覺得「品質不佳」。此情況不僅發生在數位相

機的選擇，在印表機與影像顯示器的選擇尤其明顯。此種影像品質之判定，除了個人主觀因素外，也受到文化與地域的影響。

色彩誤差僅為一例，其他影像品質也有類似主觀的接受程度，影像之明暗對比（contrast）、邊緣敏銳度（sharpness）等的要求程度，如同色彩誤差，不僅隨人而異，也隨影像內容而異。

12.2 影像品質鏈

因此，當論及影像品質評估時，需界定其評估的方式與範圍。圖12-1是影像品質要素在影像品質鏈中之相互關係及其評估範疇。

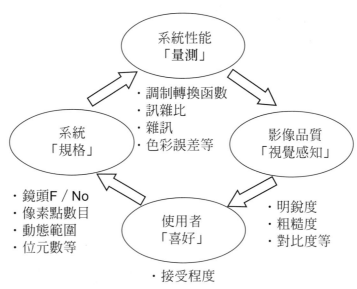

圖12-1　影像品質循環中，各因素之屬性及彼此間之關係

影像品質循環可分述如下：

1. 系統規格（System Specifications）：包含系統設計的規格制定，次系統、組件、及元件之產品規格等。與影像品質有關的規格包含：(A)解析度，例如：數位相機之像素點、印表機之dpi（dot per

inch）、掃描器之ppi（pixel per inch）與影像顯示器之像素點等；
(B)訊號與雜訊強度；(C)感測元件的光電轉換效率；(D)光學鏡頭之
F/No.；(E)元件之動態範圍（dynamic range）；(F)主要色彩元件之
光譜分布，例如：彩色濾光片陣列、印表機之色料，以及(G)影像處
理與色彩修正計算法等。這些元件規格和計算法直接影響影像系統
的表現與性能，也直接反映在影像品質。

2. 影像系統性能或表現之量測，其量測參數有：(A)調制轉換函數
　（MTF, Modulation Transfer Function）；(B)訊雜比（signal to noise
　ratio）；(C)對比（contrast）；(D)系統動態範圍；(E)色調誤差（tone
　error）；(F)色彩誤差（color error）；(G)白平衡（white balance）
　等。

3. 視覺感知之影像品質（Image Quality Perception）：如敏銳度
　（sharpness），粗糙度（grainness）與對比等。項目2所量測之數
　值為物理量，在視覺上所代表之意義和差異，通常用心理物理方
　法表示，以人作為實驗對象得之。此處常利用JND（just noticeable
　difference，恰可分辨之差異）之方式比較影像物理量測之差異值
　在人眼視覺中可分辨的程度。換言之，即求得物理量之最大差異，
　在視覺中仍在可容許、難以分辨的範圍。兩影像的任一品質參數，
　即其物理量之差異，若在JND之內，則可稱為兩者之影像品質相
　同，即使其量測之物理量不同。

4. 觀察者之「喜好」或「偏好」：通常以接受之程度（acceptability）
　表示。此方面之影像品質判定，在滿足項目3的視覺感知之影像品
　質條件後，再作判定。此判定通常是一選擇，常隨個人喜好、所處

的文化或地域而異。這方面之數據須長期蒐集、統計與分析,才能
獲致有用的結果作為影像系統設計的參考。

項目1的某些參數與項目2會重複,如動態範圍,雜訊等。這些參
數亦直接影響系統所呈現之影像品質。原則上項目2係從影像系統所
攝取或呈現的數位影像上量測,它為系統之綜合表現,而項目1係從
元件的物理特性上量測。例如:感測元件的雜訊係直接量測其訊號,
而項目2之雜訊係由取像後之影像中量測計算得出。

又如系統解析度可用攝取測試影像之MTF的量測獲得,此數值與
像素點、鏡頭解析度(或鏡頭的MTF)、數位訊號處理的整合表現有
關,要提升系統的MTF,即需提升上述元件及軟體之規格與性能。

12.3 影像品質評估的要項

影像品質評估,在視覺感知的範疇,其要項如12.2之3項目所
述。影像系統對這些要項的影響,大略可分為硬體(元件等)與軟體
(計算法)。以數位相機為例,數位影像擷取系統主要由影像感測元
件、鏡頭和數位訊號處理器所組成。因此,數位影像的品質評估可分
為兩類:一類是與相機本質有關,即硬體,含影像感測元件和鏡頭,
其評估要項有:⑴敏銳度(sharpness);⑵雜訊(noise);⑶動態
範圍(dynamic range);⑷色彩正確性(color accuracy);⑸色域
等。另一類是經由影像處理計算法有關,即軟體,品質要項有:⑴對
比;⑵色彩平衡;⑶色彩飽和度。了解這些要項與系統間之直接因果
關係,有助於將視覺感知的實驗結果回饋到影像系統的設計。以下各
節將分別討論視覺感知的主要項目:敏銳度、雜訊粗糙度、色調重現
和色彩重現。

12.4 視覺感知：敏銳度

　　敏銳度指影像中圖像清晰和辨別的程度。測試時通常以影像中明暗圖像邊緣或細緻紋理，來判別影像的敏銳度。

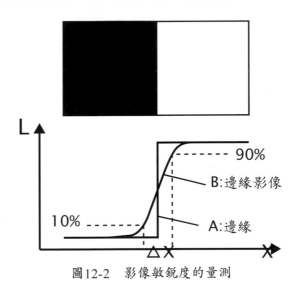

圖12-2　影像敏銳度的量測

　　圖12-2說明影像敏銳度的性質。一黑白對比明晰的圖像邊緣，其明暗亮度相對於空間位置，如果是一階梯型變化（step function，線條A），此圖像經由一影像系統後，所形成的對應影像，其邊緣亮度的變化變成S型之分布（線條B），此改變的程度即為敏銳度，可予以量測量化。影像系統可為輸入裝置，如影像掃描器、數位相機，亦可為輸出裝置，如印表機、影像顯示器（含電視）等。

　　此種影像敏銳度的降低也稱模糊化（blur），主要來自影像系統的元件。模糊化的程度直接受到元件的性能規格的影響。例如：輸入裝置的光學鏡頭，由於物理的繞射現象（diffraction），使得一極小的光點，經由光學鏡頭的繞射在成像面形成一擴散的、非均勻的光斑（spot），因而降低解析度（物理量）或敏銳度（視覺認知）。光

斑影像的大小理論上直接由鏡頭的F/No[註1]決定，實際上尚有其他次
要因素，如鏡頭的像差（aberration）等。又例如：在影像顯示裝置
模糊化的因素之一，是相鄰像素點之間電子訊號的交互干擾（cross
talk）。當相鄰像素點的訊號強度差異大時，此相互影響作用即會降
低敏銳度。在軟體上，一般的數位影像系統均含有數位影像處理的
功能。影像處理的演算法，若包含低通濾波（low pass filter），則會
產生撫平（smoothing）作用，它會降低影像的敏銳度。當然，亦可
用影像處理的邊緣強化（edge enhancement）作用，增強影像的敏銳
度。敏銳度與軟硬體元件間之關係已有許多研究；敏銳度的量測用以
改善影像系統之設計亦已行之多年。

　　如果是輸入裝置，測試時可將明暗邊緣的測試圖案輸入，形成
的數位影像據以計算敏銳度。如為輸出裝置，可將測試的數位影像圖
檔列印或顯示，再以高解析度的掃描裝置或儀器，掃描轉換為數位
影像，再計算其敏銳度。一般量測影像系統的解析度量測，其方法及
儀器相當成熟。例如：調制轉換函數（Modulation Transfer Function,
MTF）或空間頻率反應（Spatial Frequency Response, SFR）等。解析
度與敏銳度的分別，在於前者是可量測的物理量，後者是視覺感知，
兩者密切關聯。物理量測的解析度的數值大小可相當程度地反映視覺
感知的相對敏銳度。然而人眼視覺上能接受的限度與此物理量數值之
關係，仍然要經由視覺觀察實驗獲得。

　　視覺觀察實驗，相當耗費時間與人力，且實驗結果的穩定性與普
遍性會受到實驗設計的影響。為了減少或免除視覺觀察的實驗，敏銳
度的測試方法之一是應用量測的解析度，加上人眼視覺系統既有的實

[註1] 光學鏡頭F/No的定義：F/No＝鏡頭焦距 f／鏡頭的開口直徑 D

驗數據以作為判斷敏銳度的指數。如圖12-2之下圖所示，解析度降低程度或模糊程度可以用影像邊緣擴張的程度表示。圖中邊緣亮度高點（最大值）到低點（最小值）的距離（曲線A），理想上為0。模糊的影像邊緣其亮度變化為曲線B，其亮度高點與低點的絕對位置不易確定，故可分別取90%和10%之最大亮度定為其亮度高點與低點之位置，兩者的距離Δx即可作為模糊程度的量化值或解析度。此一物理量的意義若與視覺認知聯結，可與人眼解析度比較。若Δx小於人眼解析度，可視為敏銳度並未降低。

如第二章所述，視力1.0/1.0的正常人解析度為1分弧，相當於一公尺的距離可分辨0.3公厘間隔的黑白線對（line pair），因此若Δx小於0.3公厘，此影像系統的影像在視覺認知中敏銳度未降低。此處須注意90%和10%是假設值，在不同的影像系統或測試條件下，可加以調整。此一影像敏銳程度亦受到亮度高點與低點的絕對數值的影響。此絕對數值的比例大時，敏銳度增加。亦即明暗對比會影響解析度。同時，影像中的雜訊亦會在明暗邊緣產生強化作用，因此在細緻紋理密布的圖像中，例如：影像中布料的紋理，在適當的雜訊時，敏銳度「看起來」更高。在視覺認知的實驗時，訊雜比對解析度的影響要能加以區別。

以上之1分弧解析度係在人眼集中注意凝視靜態影像時使用。若觀看動態影像，如視訊、電影等，每一圖框（frame）的注視時間只有30msec（相當於視訊標準每秒30圖框），則解析能力會降低2～4倍，因此對敏銳度的接受度或模糊化的容許度將可放寬。

解析度的另一指數是調制轉換函數，量測方法較複雜但結果較為一致，廣泛應用於影像系統的品質量測。須強調的是：MTF是系統的

品質參數（解析度）；與視覺認知的影像品質（敏銳度）有別；兩者間的聯結仍須進行人眼視覺為對象的實驗。以下討論MTF的量測原理與方法。

解析度與空間頻率直接相關，系統對圖像空間頻率的反應即是解析度。調制轉換函數是頻率之函數，一般以正弦波變化之黑白圖像或方波變化之黑白條碼作為測試標的（target chart）。前者所得結果稱為調制轉換函數，後者為對比轉換函數（Contrast Transfer Function, CTF）。對一電路系統而言，輸入多用正弦波變化之訊號以量測系統的MTF。在光學或影像系統的檢測，通常以方波變化之黑白條碼圖像作為測試標的，獲得的是CTF。然而一般仍多用調制轉換函數MTF稱之。MTF之定義如下[註2]：

$$\text{MTF}(f) = \frac{I_{\max} - I_{\min}}{I_{\max} + I_{\min}} \quad\text{..}\quad （12\text{-}1）$$

MTF之單位是%，f表示空間頻率，以每單位長度多少線對1 p/mm（line pair per millimeter）表示。經過系統之正弦波或條碼影像，其亮度的最大值為$I_{\max}$，$I_{\min}$是最小值。其差值除以兩者之和，是將數值常態化（nozmnlization）。若條碼的影像視為均勻灰色，無法分辨其週期變化時，MTF為0。若是完全的黑色與白色，則影像亮度之差最大，亦即對比最大，MTF為100%。

圖12-3顯示兩種測試的圖像及其經過影像系統後所呈現的影像，圖中可看出，由於圖像的空間頻率增加，影像對比因之趨近，使得系統的解析度隨之降低。因此，解析度在此以MTF表示，是空間頻率的函數。

[註2] 第二章2.7節中關於MTF之定義較為嚴謹，此處為便於應用，加以簡化。

MTF：正弦波

CTF：方波

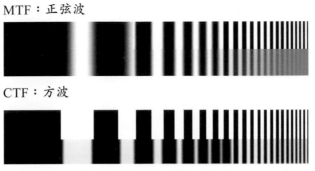

圖12-3　顯調制轉換函數與對比轉換函數（imatest.com網站）

　　調制轉換函數亦可由另一數學計算的間接方法獲得。若有一黑白邊緣的測試標的，其影像呈現S型之模糊邊緣，如圖12-2所示。模糊的程度或S型橫跨的長度，如前所述，與解析度直接相關。若將此影像在成像位置，用高解析度掃描裝置掃描，即可得**圖12-4**的左圖。橫座標為影像亮度分布的位置x，縱座標為影像強度。掃描數據點的密度愈高，計算的結果愈精確。將此數據作一次微分，其結果即為中圖之點擴張函數（Point Spread Function, PSF）。此PSF之物理意義，即為一點光源，透過此影像系統所形成的影像，亦即光班（spot）。其大小與能量分布，反映系統的解析度，光班愈小，表示解析度愈高。將此光班影像或點擴張函數作傅立葉轉換，可將影像從空間位置座標（spatial domain）轉換為空間頻率座標（frequency domain）。傅立葉轉換的結果有振幅（amplitude）與相位（phase）兩項函數，振幅函數即為MTF，如右圖所示，橫座標為空間頻率，單位是1 m/mm，縱座標單位是%，即將各頻率之振幅，除以頻率為0之振幅，予以常態化。

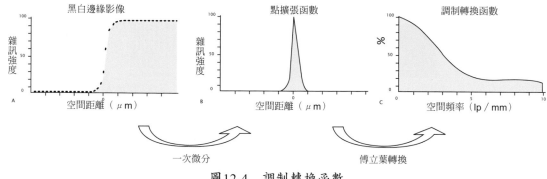

圖12-4　調制轉換函數

　　此方法亦常用於光學鏡頭解析度的量測。光學鏡頭的解析度主宰影像取像系統的整合解析度。光學鏡頭量測可使用面型光感測元件在成像面取像，以取代掃描來縮短測試時間。量測時可將黑白邊緣的標的傾斜一角度，使得邊緣影像橫向跨愈1像素點時，縱向跨愈多個像素點，例如：20個即相當於對一像素點的長度作20個步進（stepping）的掃描。以求得快速的取樣用以計算。必須注意的前提是像素點必須精確的校正，以保證其光亮度反應相同。上例1：20像素點的取像，相當於黑白邊緣與感測器中線成2.8度之角傾斜。

12.5 視覺感知：粗糙度（雜訊）

　　影像的物理量測雜訊可以籠統的用單一雜訊數值表示，直接由**公式12-2**計算，但是擁有同樣雜訊數值的不同影像，呈現在人眼視覺中，可能會有粗糙程度不同或呈現顆粒大小不同的情形。故雜訊的物理量與人眼的感知直接相關，然而仍需進行進一步的分析，以了解對視覺認知的影響，從而找出影響的來源或因素。視覺感知的雜訊，是看起來有顆粒狀（graininess），使得影像感覺粗糙（granularity）。粒狀度（graininess）或粗糙度（granularity）是用以描述影像雜訊的

視覺感知雜訊程度。對於數位彩色影像，雜訊可分離為亮度雜訊和色彩雜訊。物理量測的數值或許相當，但是對視覺感知的影像程度不同，亮度雜訊影響強，色彩雜訊影響弱，如同第二章所述，故在分析或做影像處理時，可以分別對待。

　　粗糙度或粒狀度可由雜訊的影像[註3]，做空間頻率的頻譜分析呈現，如圖12-5。將雜訊影像作二度空間的傅立葉轉換，即得到雜訊空間頻率的分布。此圖以一度空間的結果表示，以便於說明。圖中的橫座標表示空間頻率，低頻表示大顆粒或粗糙雜訊，高頻表示小顆粒或細緻雜訊。縱座標表示能量或其成分比重。左上圖為細緻的雜訊，顆粒較小，左下圖頻譜分析顯示各種頻率皆有，此稱為白色雜訊（white noise），意即如白光一般，各頻率分布均勻。這種雜訊是隨機雜訊（random noise），主要來源為影像系統硬體產生的電子訊號雜訊，如電路，光電感測器、顯示器面板之薄膜電子元件等。影像系統在數學上可視為線性系統，各元件的雜訊彼此獨立，互不影響，然而可傳遞至最終影像。另一種雜訊類別如右下圖所示，低頻雜訊較多，其圖像如右上圖所示，顆粒較大，雜訊較模糊（blur），通常是影像像素點之間訊號互相影響，雜訊也傳遞到相鄰像素點，使得雜訊顆粒或粗糙度增加。此雜訊的來源有二，一是來自影像處理的演算法，例如：彩色影像計算的內插法或低通濾波器等。由於計算時是將相鄰數點信號，以所定權重納入一起計算，個別像素點雜訊也進入計算而傳播出去（稱為noise propagation）。另一情形為相鄰像素點間的訊號交互干擾（cross talk），有來自電子電荷、電子訊號，也有來

[註3] 此圖可由影像輸入或輸出系統，將同一圖像取像或顯示n次，將其數位影像求取n次平均值，可視為將隨機雜訊抵銷而成為無雜訊之理想影像。然後將個別影像與此平均影像相減，所得影像即為雜訊。

自光學干涉。像素點可以是光電感測元件，也可以是顯示器面板。這兩種來源的影響可視為將高頻的雜訊能量轉移至低頻，亦即使得雜訊顆粒變大，粗糙度增加。除了傅立葉轉換的方法外，統計學上的相關性分析，可用以做進一步的分析。

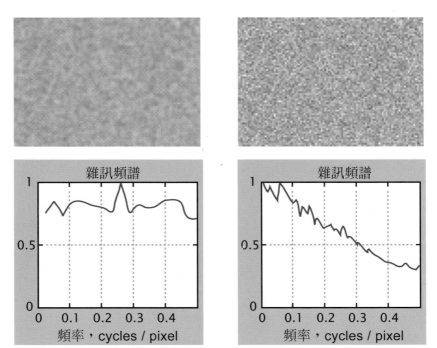

圖12-5　色雜訊（white noise）與模糊雜訊（blur noise）（imatest.com網站）

影像雜訊的物理量的計算公式如下：

$$\sigma = \sqrt{\frac{1}{N}\sum_{i=1}^{N}(x_i - x_m)^2}$$ ⋯⋯⋯⋯⋯⋯⋯⋯⋯⋯⋯⋯⋯⋯⋯⋯（12-2）

σ為標準差，即代表雜訊，N是像素點之數目，x_i是第i個像素點亮度，x_m是平均亮度。雜訊若為隨機雜訊，其能量密度分布（power density distribution）為常態分布（normal distribution）或稱高斯分布（gaussian distribution）。隨機雜訊的假設之一是每一像素點雜訊是

獨立的，不受其他像素點影響，且不受平均訊號強度影響。然而在一數位影像系統，雜訊的來源甚多，其個別的能量密度分布並非全然是常態分布。故其加總的效應亦非常態分布。然而在計算時，為了方便，仍假設雜訊為常態分布。影像系統的總體雜訊，即可由各元件雜訊算出，如下列公式：

$$\sigma_T^2 = \sigma_1^2 + \sigma_2^2 + \cdots\cdots + \sigma_n^2$$

同樣的假設，用於系統模擬時，利用已知標準差和隨機數字產生程式（random number generator），即可獲得隨機雜訊。

數位影像系統的雜訊來源可分解為各元件來分析。茲以輸入系統，如數位相機為例，說明如下：

1. 隨機雜訊（Random Noise）：來自電子元件及電路，如影像感測元件中的歸零（reset）電路是主要的隨機雜訊來源。若要降低此一雜訊，改用更高規格的元件是一方法，另外可在系統操作上，將同一影像連拍數次，加以平均，雜訊變為 $\sigma' = \sigma / \sqrt{N}$，即降低 $\sqrt{N}$ 倍，N 為拍攝次數。

2. 光子雜訊（Photon Noise）：來自入射光線的光子。在量子物理的範疇，入射光子的數量在時間與空間之分布並非恆定，即不確定性（uncertainty）所造成的雜訊。雜訊的能量密度分布是普松分布（poisson distribution），其標準差 σ 的公式是：$\sigma = \sqrt{S}$。S 是平均訊號強度。其意義為雜訊強度等於平均訊號強度的平方根，雜訊與訊號強度並非線性關係。若從訊雜比考量，$S/N = S/\sigma = \sqrt{S}$，表示訊號愈強，訊雜比愈高，影像的相對雜訊愈低。所以在攝影時，若使亮度偏高，即光通量增加，影像效果較好；當亮度極低時，雜

訊變的十分明顯。影像輸入系統控制光通量的參數是曝光時間與F/No。

3. 固定型態雜訊（Fixed Pattern Noise）：影像感測元件每一像素點均有些微差異，稱為光反應率之非均勻性（photo response non-uniformity, PRNU）。此情形尤以CMOS影像感測元件為然。影像顯示器的像素點亦非完全相同。因其為固定型態，可在影像處理計算時做校正而排除其影響。

4. 類比數位轉換（A/D Converter）：此元件將影像類比訊號轉換為數位訊號時，將最小位元（least significant bit）以下信號捨去，捨去的訊號大小不一然而輸出的數位訊號卻一樣，因而造成誤差，稱為數位／類比轉換的雜訊。要排除此雜訊，當類比／數位轉換時，此元件之位元數須大於訊號之動態範圍，例如：動態範圍為1000：1，應用大於10位元的轉換元件。

5. 數位訊號處理（Digital Signal Processing）：在數位訊號處理的計算中，由於位元數決定有效位數，常將計算的尾數去掉，因此造成誤差，尾數大小不一即形成雜訊。因此設計數位訊號處理器時，計算時的位元較輸出數值的位元多。例如：如8位元的影像訊號輸出，用10位元的類比數位轉換器，再用12或14位元的數位訊號處理計算位元。

12.6 視覺感知：色調重現

　　色調是指影像複製時，亮度變化的線性程度（linearity）與變化的最大範圍。顯示器呈現或印表機列印的影像，與原品比較時，有時

看來較明亮或晦暗，較刺眼或平淡。這些是色調重現時產生的視覺感知。色調的誤差可以量測；但是此差異對視覺感知的影響卻難以量化，也就是色調的品質應包含心理物理上的判斷。舉例而言，一張複製的印刷影像，與原品的比較，可以經由掃描產生數位影像，計算出色調誤差。然而在影像中不同的區塊，其色調誤差值在視覺感知中，是否具有同樣的意義？假設影像中主要物體的誤差值，與其陰影的誤差值相等，在視覺感知上是否等值？是否一樣明顯？這種現象就會影響影像的明亮或晦暗，刺眼或平淡的感覺。目前仍不清楚上述例子中，色調誤差值與視覺感知之間的關係。此處將討論影像色調誤差的主要因素。

1. 對比（Contrast）

　　對比有下列幾種情形：白紙上的黑字對比佳，這與反射比率有關。在黑暗中的光源對比也佳，這是亮度的對比。紅與綠，藍與黃，這是對立色色彩的對比。因此，反射對比、亮度對比與色彩對比是量度對比的三個物理量。這些物理量與視覺感知的對比感覺的關聯性很高。雖然如前所述，其間的直接關係尚難量化，但是可以在影像處理時，強化對比使影像品質「看起來」較佳。

　　三種對比的前兩者與人眼視覺對亮度的反應有關，後者與色彩有關。色彩對比的強化可在影像系統的影像處理時，將色彩微調至趨近飽和的方向，即可得到較佳的色彩對比。微調幅度則須由實驗決定。

　　人眼視覺對亮度的反應，可用珈瑪曲線（γ-curve）表示（參考第六章）。在一般影像系統中，不論是輸入或輸出系統，都會設計色調重現曲線，以轉換影像亮度。此曲線亦為珈瑪曲線，以符合

人眼視覺的特性。此γ值因系統而異，人眼的γ值為1/3，其倒數為3。對影像系統而言，增加此數值即可增加亮度對比的「感覺」。此數值的增加有一限度，通常在3～5之間。增加了對比會使高亮度的區域趨近飽和，並縮減灰階層次的細節。所以γ值的設定，應佐以視覺感知的實驗，以獲得系統的最佳化。

2. 動態範圍（Dynamic Range）

影像系統所能擷取亮度的範圍稱為動態範圍。無疑地，亮度範圍愈大所包含的灰階層次愈多，影像在亮度的細節愈多或「亮度解析度」（有別於前述空間解析度）也愈高，因此影像品質也愈佳。動態範圍的定義，是一影像系統所能擷取或顯示的亮度範圍內，最大訊號與最小訊號之比。最大訊號是飽和訊號，最小訊號是無訊號時之雜訊，以雜訊的標準差表示。可以公式表示為：

$$動態範圍＝飽和訊號 ／ 雜訊標準差 \quad\cdots\cdots\cdots\cdots\cdots\cdots\quad （12-3）$$

此動態範圍為影像系統的性能（performance）規格，直接對應決定影像的視覺感知品質。

12.7 視覺感知：色彩重現

影像系統的色彩誤差ΔE_{ab}^*是一可量測的物理量。此物理量可用標準的色彩校正程序處理，此程序包括標準色票檢測與線性回歸法計算，將誤差ΔE_{ab}^*修正至最小值，並將此修正量內建於影像系統中。使得校正後影像之ΔE_{ab}^*數值最小。理論上，將影像系統擷取的或呈現的彩色影像，與原圖並列比較使其色彩誤差最小。

然而，當我們單獨觀察影像系統所產生的彩色影像時，視覺感知

對色彩的影響，遠較色彩誤差值代表的物理量複雜。如12.1節所述，人眼視覺對顏色的「品質」評估，包含記憶色（memory color）、喜好乃至偏好。符合期待則認為影像品質佳，反之則否。這種主觀的期待難以量測與量化，也因個人與文化而異，然而亦可歸納一些不嚴謹的通則，例如：天空的藍、紅花的紅、綠葉的綠，要更飽和才顯得鮮豔。人的臉色要更紅潤才受歡迎。因此有些列印相片的印表機具有影像辨識及局部色彩調適的計算功能，常被稱為智慧型印表機。如此之系統對一般消費者而言，會認為「品質較好」。

此外，人眼視覺對色彩的調適功能同樣影響對色彩品質的判定。假設一幅未經白平衡處理的影像，經由顯示器螢幕在黑暗中觀看時，人眼視覺會用影像中的白色區域作為參考，調整對其他顏色的視覺感知，因此較不易感覺顏色偏移。同一幅影像在明亮的環境下觀看列印影像時，人眼會自動在週遭環境找出參考白色，比對影像中的色彩，若色彩有偏移，很容易被分辨出來。因此用為列印的影像其白平衡的修正更為重要。

視覺感知與環境對色彩品質的影響不僅於此。色彩重現指數（color reproduction index）即試圖量化色彩重現品質。其基本概念為在色外貌模式（color appearance modeling）的基礎上，計算影像原樣品與複製品觀察時的各種影響因素，涵蓋視覺調適（visual adaptation）和觀看環境，給予不同的權重以其總和作為指數。此方法遠較ΔE_{ab1}^*的計算複雜，權重的設定是其複雜的關鍵。實驗顯示；影像的主體和色相會影響色彩重現指數，所以固定的權重分配並不恰當，應隨影像內容而改變。這種自動調適的功能使得計算變為困難。此處僅簡單介紹色彩重現指數的計算步驟：

⑴定義參考環境和測試環境條件

⑵計算色度數據

⑶計算色貌數據

⑷計算權重

⑸計算色相指數

⑹計算亮度指數

⑺計算彩度指數

⑻加總各項指數

12.8 閾限：物理刺激與心理物理反應的聯結

　　以上各節的討論，是基於影像品質評估的觀點，探討各個客觀的、可量測的物理量與主觀的視覺感知，其間的相互關係與差異。本節將討論物理刺激與心理物理的直接反應的量測。

　　心理物理是有系統地研究刺激的物理特性，與感覺、知覺間的關係。例如：色彩對視覺即為刺激之一種。它的物理特性是電磁輻射的光譜能量分布。感覺（sensation）是簡單對刺激屬性的感應過程。知覺（perception）則是較複雜對刺激屬性之理解過程。根據此定義，見到紅色是視覺感覺歷程，認知到一粒紅色的蘋果則為視覺知覺歷程。感覺是與生俱來的，知覺需要較豐富的刺激資訊與較多經驗，經由學習而來的。前述各節討論的視覺感知，有感覺的成分，也有知覺的部成分。下述的名詞定義及其實驗方法，用以描述物理刺激與心理物理反應間的關係：

1.閾限（Threshold）：指某一物理刺激，讓訊息接收者剛好跨愈「覺察到」與「沒有覺察到」之間的物理刺激強度。在物理世界

中，閾限的量測相對容易。剛好能取得訊號時之物理量即為閾限，例如：感測元件的閾限，然而在心理物理的研究範疇，「剛好察覺到」是易於定性而難以定量的。

2. 差異閾限（或稱差異閾）：即恰可察覺差異（Just Noticeable Difference, JND）或最小可察覺差異。指兩個物理刺激讓訊息接收者覺察到兩者之間存有差異，所需之最小差異的刺激強度。在物理世界中，例如：感測元件，其差異閾限的量測即為其敏感度（sensitivity）。

3. 絕對閾限（或稱感覺閾）：指無背景訊號時，某一物理刺激讓收訊者剛好可以覺察到刺激的存在，所需之最小刺激強度。

人眼視覺最重要的物理刺激是亮度，視覺的亮度閾限並不穩定，難以定量。亮度閾限的量測方法之一是在一暗室中，用亮度固定而極微弱的光源，間歇性地閃爍，閃爍的時間間隔不固定。受試者隨之間歇性地看到（或感覺到）這個刺激。在心理物理實驗裡，調整光源亮度，使得受試者一半次數看到、一半次數看不到，此時的亮度，即是人眼視覺對亮度物理量的絕對閾限。

在此閃光實驗中，亮度絕對閾限是人眼感覺的臨界強度。「間歇性地看到」，包括閃亮時，有時看到，有時沒看到；也包括不亮時，時有時無的印象。因為視覺神經系統，有自我刺激的特性。有光時，光源刺激視覺神經；無光時，神經系統會自我刺激，其結果是「看到」不存在的光。視覺神經接受到的實際存在的閃光稱之為訊號；不存在的而是自我刺激所產生的閃光稱之為雜訊。人眼視覺系統即為一精密的影像系統。此雜訊可以類比於一般影像系統的雜訊，例如：數

位相機或影像顯示器。在光點亮度極低時，即使亮度穩定，人眼看來亦強弱不定，猶如影像中的雜訊。

恰可察覺差異（JND）是讓訊息接收者察覺到兩個刺激之間存有差異時，所需之最小差異的刺激強度。以上述閃光實驗為例，將亮度差異極小的兩個光源同時閃爍，如果其亮度差異剛好是JND，此兩光源閃爍100次時，受試者有一半的機會，即50次，看到兩光源亮度有差異，意即人眼偵測到（detection），並且正確反應（correct response）的機率是50%。其餘50次的閃爍，人眼實際上沒有分辨出差異。然而受試者在實驗時，對於不確定情形，會用「猜」的。或是由於視覺系統的雜訊，強化兩光源亮度訊號的差異。兩者的效應，使得餘下50次中的50%之機率，即25次，認為「看到」差異，此即誤判（false alarm）。因此JND之定義，為75%機率認為有差異。以公式表示則為：

$$P_c=P_d+(1-P_d)/2=(1+P_d)/2 \quad\cdots\cdots（12\text{-}4）$$

P_c為「答對」的機率，P_d為偵測到的機率。在亮度差異是JND時，P_d=50%，則P_c應為75%。但是一般人的直覺是50%答對為JND，故也有用P_c=50%作為恰可察覺差異，以50%JND表示。

「恰可察覺差異」的概念是德國的生理學家韋伯（Ernst Weber）於1834年發展出的。不僅用於視覺，也適用於其他的感覺系統，用以研究人類對刺激差異所感應之感覺分辨能力。韋伯定律（Weber's Law）的公式如下：

$$\Delta I/I=K \quad\cdots\cdots（12\text{-}5）$$

式中記號代表意義如下：

ΔI：兩刺激強度的差異閾限（JND）

I：物理刺激值強度

K：韋伯常數

此公式表示一物理刺激值之任何強度I，其改變的差異閾限ΔI，與原刺激強度I之比例為一常數。亦即ΔI與I成正比。不同的感覺系統有其各自的常數K值。例如：人手對重量感覺的差異，其K值為0.025。相當於10與10.25公斤，20與20.5公斤之差異恰可查覺。人眼對白色光源亮度的K值為0.0166，相當於60與61亮度單位及120與122亮度單位之恰可察覺差異。

德國生理學家費欽納（Fechner）對韋伯定律稍做修改，把線性關係修正為對數函數的關係。以圖12-6為例說明如下：X軸為物理刺激值之強度，例如：亮度；Y軸為可察覺之感覺強度，單位為JND，當亮度愈強時，產生一個JND所需之物理刺激也就愈強。即$Y_d - Y_c = Y_b - Y_a = 1\text{JND}$，而$X_d - X_c >> X_b - X_a$。

費欽納提出之定律為：感覺強度與物理刺激強度的對數成正比。

$$K \ln I = \varphi \quad\text{...}\quad (12\text{-}6)$$

I：物理刺激強度；

φ：感覺強度；

K：常數

此定律繼續發展為史蒂芬斯的乘幂定律：

$$\Psi = KI^{\gamma} \quad\text{...}\quad (12\text{-}7)$$

Ψ：感覺強度

I：物理刺激強度

γ：常數

K：常數

γ即為gamma函數之γ，人眼的γ為1/3，即為$L*a*b*$與$L*u*v*$色度空間系統中明度分量$L*$之定義，如下列公式，其gamma值為1/3。

$$L* = 116(Y/Yn)^{1/3} - 16 \quad\dotfill\quad (12\text{-}8)$$

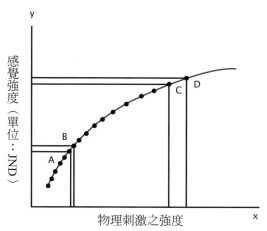

圖12-6　感覺強度與物理刺激強度之關係

　　本節所討論的閾限，在視覺感知中不限於亮度，也包含影像品質評估的其他物理量，如彩色影像的色相、飽和度，數位影像的敏銳度及雜訊等，皆可用心理物理的實驗，獲得物理刺激的閾限或JND，作為影像品質評估的參考。靜態影像壓縮（JPEG）之量化表（quantization table），即為應用心理物理的實驗方法，找出壓縮參數，使得影像壓縮後仍未達到JND，讓影像品質「看起來」與原圖差異難以察覺。

12.9 影像品質評估實驗之規劃

　　本章所討論的影像品質評估，其目的在於改進數位影像系統產品的設計。評估的結果直接顯示系統產品的品質與性能（performance）。如12-2節所述，主觀的品質評估多用視覺感知的實驗；客觀的評估則以物理量測為主。主觀的方法過程耗時費力，所以實驗設計必須周延，目的、方法、程序須清楚界定，實驗過程與結果亦須嚴謹的管控，以避免徒勞無功。影像品質的判斷相當主觀，消費者的偏好因文化、區域、人種、經驗和期待而不同。參與過程的實驗對象，其職業及生活背景，應盡可能多樣化，以形成涵蓋廣泛的實驗對象樣品。

　　實驗設計需考慮以下諸項：

1. 試行測試（Pilot Test）與正式測試：測試如不完整，重作時耗費時間，故應分兩階段進行，在試行測試時，可以只採用少量的影像和部分測試對象以測試實驗程序。或許在此階段中，即可找出產品的明顯瑕疵。

2. 慎選判斷結果的仲裁者：仲裁者必須不是直接從事工程設計的，以盡量避免先入為主的主觀影響。

3. 選擇廣泛多樣的影像內容：在正式測試時，影像應有數百張以上，以儘量涵蓋不同的景像與內容。其組合應包含：光源色溫、動態範圍、影像場景、主體距離、顏色分布及亮度範圍等。

4. 雙重盲目（Double-Blind）的測試程序：意思是受測的系統產品和計算法需記錄，但觀察者和指導測試者均不知使用何者，以免主觀影響；且觀察的影像次序也是隨機排列。

5. 影像呈現方式：影像品質評估時，受測的系統產品、調整參數前後的影像，應並列觀察。如果是在影像顯示器呈現，白點（white point）需設定在D_{65}（或D_{50}），並避免週邊光源反射。若以列印方式呈現，週邊背景應是灰色，光源為D_{50}（或D_{65}）。

　　主觀的影像品質評估在於瞭解系統產品的改進，是否能使影像品質相應改善。然而一般會遭遇的問題如下：

1. 影像品質的改進常是漸進式的，未必能由視覺認知性的品質評估觀察出來。

2. 某項品質改善通常需犧牲另一項品質。例如：影像處理的邊緣強化，敏銳度增加；雜訊也隨之增加。改進與否或改進程度的選擇常與偏好有關。例如：增強敏銳度而容忍雜訊。

3. 影像品質的接受程度是一漸進的學習過程。有些產品的影像初始時接受程度低，隨後接受度會提高。相反的情形也會發生。

4. 影像品質評估時，通常找「一般人」，這些人與設計者的判斷往往大相庭逕。

5. 影像品質的判斷會受到前後測試影像或測試指示的影響。

6. 可靠的影像測試需要大量的樣品，以確保涵蓋各種可能的影像。影像處理演算法常常對某類影像有效，而犧牲另一類影像的品質表現。

　　客觀的品質評估方法多以物理量測為主。影像系統與元件的規格以及影像處理演算法直接影響影像品質。一般影像系統產品，如數位相機、印表機及影像顯示器等，其元件的規格在本質上直接對應影像品質。提升元件規格即提升影像品質，例如：光學鏡頭、感測元件等，鮮少會犧牲其他品質項目。影像處理演算法在影像品質的呈現，

扮演愈來愈重要的角色。其功能是將元件的物理性能經由計算法的增強（如訊號）；或削弱（如雜訊）；或校正（如色調與色彩）；使其更符合人眼視覺認知的要求。換言之，演算法多是基於人眼視覺認知的特性發展出來，以求補償元件的物理限制或強化系統影像的呈現品質。因此，計算法的改進與參數的設定，多是主觀品質評估的結果。

12.10 視覺模式與視覺感知模擬

　　本章討論的影像品質評估著重在評估的方法與其特性，而非可操作的評估程序或應檢視的品質項目，因程序或項目會隨影像系統而異。茲將本章的討論簡述於下：

1. 量測影像品質的物理量：只要定義清楚，取得客觀的量測數據，不易受人的主觀影響。此數據與影像系統的性能直接相關，尤其是硬體元件規格，可用以改進系統設計。然而，影像品質主要是供人觀看，人眼的視覺感知決定對影像量測的物理量之接受程度。因此與視覺感知有關的品質項目評估需進行。

2. 「視覺感知與心理物理實驗：此實驗的主要目的有二：一是品質項目的視覺閾值測試，一是品質接受程度的評估排序。視覺閾值的測試，基本上是視覺生理的反應，觀察者的生理差異較小，然而仍難免於主觀判定分辨的影響。接受程度的評估排序是將品質參數的物理量，微調後產生的影像，並列比對，將其「品質」排序，此時已有喜好乃至偏好的成分介入，牽涉到觀察者的背景因素更為複雜，排序結果也更難一致。

　　由於心理物理實驗結果的差異性高，且耗費時間及人力，因此(3)「視覺模式與視覺感知模擬」的研究受到重視。希望用較為標準的數

學模式，獲得較一致的結果，且大量降低實驗的負荷。視覺模式的發展，可應用視覺心理物理的實驗結果。人眼對亮度反應的gamma函數（**公式12-8**）即為一例。此模式可用以判讀數位影像，對亮度微調後，是否在視覺上造成差異。當然此視覺模式必須基於大量的心理物理實驗結果以獲致可靠的、經實驗修正的公式與參數值。如果涉及對色彩的喜好或偏好之研判，則須經由長期的市場資訊蒐集與調查，統計出不同地區或消費客群，對色彩喜好的通則，作為系統產品設計的參考。日本的影像產品製造廠商，即擁有這種長期累積的資料庫。

　　同樣的模擬概念也可應用於影像系統的設計，使得在設計階段即能預測系統操作時的性能，並減少反覆修改的次數。一般先進及精密的系統發展均經過系統模擬的過程，期能在組建之前，即能明瞭系統設計的各種參數值、公差與預期的性能的關聯。以影像系統為例，在訊號傳輸過程中，個別元件對訊號的轉換與增添的雜訊，可用數學模式表示，並內建於數學模擬中。任何參數的任一數值改變，均能經由計算呈現於最終的影像。光學鏡頭的設計軟體工具即是數學模擬之一。例如：改變鏡片的曲率，可計算出對聚焦成像的影像解析度影響以及製造或組裝的公差。如果要發展影像擷取系統的數學模擬，須模擬訊號及雜訊在感測元件、電子元件與電路、數位訊號處理器等之間的傳遞，也須納入光學設計軟體，並模擬光學影像與電子訊號的光電轉換。

　　因此，一個理想的影像品質評估方式可由**圖12-7**的評估程序顯示。圖中的實線是指影像在評估中的路徑，虛線指相關的品質資訊或知識，由一程序單元傳遞到另一程序單元，作為其設計與運作的基

礎。三種品質評估的方式中，物理量測遠較成熟，在設計視覺的心理
物理實驗時，應求降低主觀影響，而視覺感知的數學模擬，則須未來
更多的研究和努力。

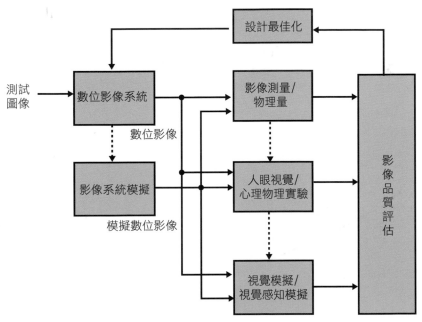

圖12-7　理想的影像品質評估系統，實線指影像評估路徑，
　　　　虛線指相關的品質資訊或知識的傳遞。

參考書目

1. Brian W. K.：*Handbook of Image Quality：Characterization and Prediction*, CRC Press, 2002.

2. Berns, R. S.：*Principle of Color Technology*, John Wiley & Sons, 2000.

3. Watson, A. B., J. Hu, and J. F. McGowan：*Digital video quality metric based on human vision*. Journal of Electronic Imaging, 10(1), p20-29, 2001.

4. Lee, H. C.：*Introduction to Color Imaging Science*, Cambridge University Press, 2005.

5. MacDonald, L. W., M. R. Luo：*Color Image Science*, John Wiley & Sons, 2002.

6. Fairchild, M. D.：*Color appearance Models*, Addison-Wesley. 1997.

7. Holst, G. C.：*CCD Arrays, Cameras, and Dislays*, 2nd ed. SPIE Optical Engineering Press, 1998.

8. Burningham, N., Z. Pizlo, and J. P. Allebach: Image Quality Metrics, *Encyclopedia of Imaging Science and Technology*, John Wiley & Sons, Inc. 2002.

9. Measure the performance of cameras, lenses, scanners, and printers, http://www.imatest.com/

10. Ptucha, R.：*Image Quality Assessment of Digital Scanners and Electronic Still Cameras*, IS&T's PICS Conference, pp 125–130, 1999.

附錄
中英對照表

國家圖書館出版品預行編目資料

顯示色彩工程學 = Color engineering for display /
devices / 胡國瑞, 孫沛立, 徐道義, 陳鴻興,
黃日鋒, 詹文鑫, 羅梅君編著. -- 三版. -- 新
北市 : 全華圖書股份有限公司, 2022.06
　　面；　公分
ISBN 978-626-328-219-3 (平裝)
1.CST: 顯示器 2.CST: 光電工程 3.CST: 色彩學
469.45　　　　　　　　　　　　111008253

顯示色彩工程學

編　　著　胡國瑞、孫沛立、徐道義、陳鴻興、
　　　　　黃日鋒、詹文鑫、羅梅君

發 行 人　陳本源

執行編輯　張繼元

出 版 者　全華圖書股份有限公司

郵政帳號　0100836-1號

印 刷 者　宏懋打字印刷股份有限公司

圖書編號　0809602

三版一刷　2022 年 06 月

定　　價　新台幣 480 元

Ｉ Ｓ Ｂ Ｎ　978-626-328-219-3 (平裝)

全華圖書　www.chwa.com.tw

全華網路書店Open Tech / www.opentech.com.tw

若您對本書有任何問題，歡迎來信指導

book@chwa.com.tw

臺北總公司(北區營業處)
地址：23671新北市土城區忠義路21號
電話：(02) 2262-5666
傳真：(02) 6637-3695、6637-3696

中區營業處
地址：40256臺中市南區樹義一巷26號
電話：(04) 2261-8485
傳真：(04) 3600-9806(高中職)
　　　(04) 3601-8600(大專)

南區營業處
地址：80769高雄市三民區應安街12號
電話：(07) 381-1377
傳真：(07) 862-5562

歡迎加入 全華會員

● 會員獨享

會員享購書折扣、紅利積點、生日禮金、不定期優惠活動…等。

● 如何加入會員

掃 QRcode 或填妥讀者回函卡直接傳真 (02) 2262-0900 或寄回,將由專人協助登入會員資料,待收到 E-MAIL 通知後即可成為會員。

如何購買

全華書籍

1. 網路購書

全華網路書店「http://www.opentech.com.tw」,加入會員購書更便利,並享有紅利積點回饋等各式優惠。

2. 實體門市

歡迎至全華門市(新北市土城區忠義路 21 號)或各大書局選購。

3. 來電訂購

(1) 訂購專線:(02) 2262-5666 轉 321-324
(2) 傳真專線:(02) 6637-3696
(3) 郵局劃撥(帳號:0100836-1 戶名:全華圖書股份有限公司)
※ 購書未滿 990 元者,酌收運費 80 元。

OpenTech 全華網路書店 .com.tw

全華網路書店 www.opentech.com.tw
E-mail: service@chwa.com.tw

※ 本會員制如有變更則以最新修訂制度為準,造成不便請見諒。

讀者回函卡　掃 QRcode 線上填寫 ▶▶▶

姓名：

電話：（　　　）　　　　　手機：

e-mail：　　　　　　　　　　　（必填）

生日：西元　　　　年　　　月　　　日　　性別：□男 □女

註：數字請用 Φ 表示，數字 1 與英文 L 請另註明易混淆字端正，謝謝。

通訊處：□□□□□

學歷：□高中・職　□專科　□大學　□碩士　□博士

職業：□工程師　□教師　□學生　□軍・公　□其他

學校／公司：　　　　　　　　　　　科系／部門：

需求書類：

□ A. 電子 □ B. 電機 □ C. 資訊 □ D. 機械 □ E. 汽車 □ F. 工管 □ G. 土木 □ H. 化工
□ I. 設計 □ J. 商管 □ K. 日文 □ L. 美容 □ M. 休閒 □ N. 餐飲 □ O. 其他

本次購買圖書為：　　　　　　　　　　　書號：

您對本書的評價：

封面設計：□非常滿意　□滿意　□尚可　□需改善，請說明
內容表達：□非常滿意　□滿意　□尚可　□需改善，請說明
版面編排：□非常滿意　□滿意　□尚可　□需改善，請說明
印刷品質：□非常滿意　□滿意　□尚可　□需改善，請說明
書籍定價：□非常滿意　□滿意　□尚可　□需改善，請說明
整體評價：請說明

您在何處購買本書？
□書局　□網路書店　□書展　□團購　□其他

您購買本書的原因？（可複選）
□個人需要　□公司採購　□親友推薦
□老師指定用書　□其他

您希望全華以何種方式提供出版訊息及特惠活動？
□電子報　□ DM　□廣告（媒體名稱　　　　　　　　）

您是否上過全華網路書店？（www.opentech.com.tw）
□是　□否　您的建議

您希望全華出版哪些書籍？

您希望全華加強哪些服務？

感謝您提供寶貴意見，全華將秉持服務的熱忱，出版更多好書，以饗讀者。

填寫日期：　　　／　　　／

2020.09 修訂

親愛的讀者：

感謝您對全華圖書的支持與愛護，雖然我們很慎重的處理每一本書，但恐仍有疏漏之處，若您發現本書有任何錯誤，請填寫於勘誤表內寄回，我們將於再版時修正，您的批評與指教是我們進步的原動力，謝謝！

全華圖書　敬上

勘　誤　表

書　號	頁　數	行　數	書　名	作　者
			錯誤或不當之詞句	建議修改之詞句

我有話要說：（其它之批評與建議，如封面、編排、內容、印刷品質等・・・）